探索奥秘世界百科丛书

探索外星文明奥秘

谢宇　主编

花山文艺出版社

河北·石家庄

图书在版编目（CIP）数据

探索外星文明奥秘 / 谢宇主编. — 石家庄 ： 花山
文艺出版社，2012（2022.3重印）
　　（探索奥秘世界百科丛书）
　　ISBN 978-7-5511-0672-6

　　Ⅰ．①探… Ⅱ．①谢… Ⅲ. ①地外生命－青年读物②
地外生命－少年读物 Ⅳ．①Q693-49

中国版本图书馆CIP数据核字(2012)第248556号

丛 书 名：探索奥秘世界百科丛书
书　 　名：探索外星文明奥秘
主　 　编：谢　宇
责任编辑：师　佳
封面设计：袁　野
美术编辑：胡彤亮
出版发行：花山文艺出版社 （邮政编码：050061）
　　　　　（河北省石家庄市友谊北大街 330号）
销售热线：0311-88643221
传　　真：0311-88643234
印　　刷：北京一鑫印务有限责任公司
经　　销：新华书店
开　　本：700×1000　1/16
印　　张：10
字　　数：150千字
版　　次：2013年1月第1版
　　　　　2022年3月第2次印刷
书　　号：ISBN 978-7-5511-0672-6
定　　价：38.00元

前　言

　　我们生活的世界，是个十分有趣、错综复杂而又充满神秘的世界。然而，正是这样一个奇妙无比的世界，为我们提供了一个领略无穷奥秘的机会，更为我们提供了一个永无止境的探索空间……

　　在浩瀚的宇宙中，蕴藏着包罗万象的无穷奥秘；在我们生活的地球上，存在着众多扑朔迷离的奇异现象；在千变万化的自然界中，存在着种种奇异的超自然现象。所有的这些，都笼罩在一种神秘的气氛中，令人费解。直到今天，人们依旧不能完全揭开这些未知奥秘的神秘面纱。也正因如此，科学家们以及具有旺盛求知欲的爱好者对这些未知的奥秘有着浓厚的探索兴趣。每一个疑问都激发人们探索的力量，每一步探索都使人类的智慧得以提升。

　　为了更好地激发青少年朋友们的求知欲，最大程度地满足青少年朋友的好奇心，最大限度地拓宽青少年朋友的视野，我们特意编写了这套"探索奥秘世界百科"丛书，丛书分为《探索中华历史奥秘》《探索世界历史奥秘》《探索巨额宝藏奥秘》《探索考古发掘奥秘》《探索地理发现奥秘》《探索远逝文明奥秘》《探索外星文明奥秘》《探索人类发展奥秘》《探索无穷宇宙奥秘》《探索神奇自然奥秘》十册，丛书将自然之谜、神秘宝藏、宇宙奥秘、考古谜团等方面最经典的奥秘以及未解谜团一一呈现在青少年朋友们的面前。并从科学的角度出发，将所有扑朔迷离的神秘现象娓娓道来，与青少年朋友们一起畅游瑰丽多姿的奥秘世界，一起探索令人费解的科学疑云。

　　丛书对世界上一些尚未破解的神秘现象产生的原理进行了生动的剖析，揭示出谜团背后隐藏的玄机；讲述了人类探索这些奥秘的进程，尚存的种种疑惑以及各种大胆的推测。有些内容现在已经有了科学的解释，有些内容尚待进一步研究。相信随着科学技术的不断发展，随着人类对地球、外星文明探索的进展，相关的未解之谜将会一个个被揭开，这也是丛书编写者以及广大读者们的共同心愿。

丛书集知识性、趣味性于一体，能够使青少年读者在领略大量未知神奇现象的同时，正确了解和认识我们生活的这个世界，能够启迪智慧、开阔视野、增长知识，激发科学探寻的热情和挑战自我的勇气！让广大青少年读者学习更加丰富全面的课外知识，掌握开启未知世界的智慧之门！

朋友们，现在，就让我们翻开书，一起去探索世界的无穷奥秘吧！

编者
2012年8月

目　录

太空信号之谜

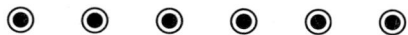

◉ ◉ ◉ ◉ ◉ ◉

地球人是一种勤于追求、勇于探索的智慧精灵，似乎没什么疑难能吓倒他们。正是由于这种精神的存在，他们在探索太空奥秘方面取得了举世瞩目的成绩。

到目前为止，尽管飞碟之争还没有定论，然而众多的科学家仍坚持茫茫宇宙必然有与我们相似的智能生命存在这一观点。寻找外星人，并与他们建立联系，以便共同建立宇宙间智能生命的文明社会，众多科学家视这一目标为己任，并为之付出了艰苦的努力和辛勤的汗水。

在其他星球上真的有智能生命存在吗？地球人如何能发现他们并与他们取得联系呢？唯一的办法就是"拉长"我们的目光，扩大我们的听力，换句话说，就是要利用不断更新的天文望远镜，观察目所能及范围内的生命踪迹；借助灵敏和高功率的无线电接收机，设法收到地球以外智能生命向我们传递的信息。

可以想象，如果天外真有智能生命的话，他们也必然和我们一样，会想方设法与外界同类取得联系，其最好的联系媒介就是无线电波了。事实上，种种迹象表明，宇宙间的确存在着这种电波，他们早就设法与我们取得联系了。

早在1930年，欧洲的科学家就发现了一个奇怪的现象——他们发出一串信号以后，总会收到两个回音。一个回音按正常规律返回，即绕地球一周8秒钟后返回。另一个回音却是在3～4秒钟后就返回了，仿佛它们是被地球轨道上某个物体反射回来的。难道在地球轨道上还有一位来自外层空间的天外来客？科学家们愕然了。

几年以后，一个名叫邓肯·卢南的苏格兰天文学家提出了一种解释证明了这一点。他认为：那些反常的回音是由一个位于地球轨道上的宇宙飞船发出的。这个飞船位于地球和月亮之间。邓肯·卢南说，回音是飞船上的智能生命发射的信号。他还将自己的研究结果公之于世。他利用电视显示的办法，将接收到的信号画了6个图案，表明它们均属同一星系的不同侧面，一颗恒星总是处于图案中心。这6个图案代表从6个角度看牧夫星座，中间的恒星即牧夫星座3星。科学家们都知道，牧夫星座3星距地球有103光年。

邓肯·卢南的发现得到不少天文学家的支持。发现公布之后，舆论一片哗然，地球人感到汗颜了，原来天外文明社会早就注意我们了！

更有一件令人难以置信的事在等着我们去思考。

1953～1957年将近5年的时间里，法国国家空间研究中心研究部主任莫里斯·阿雷发现，地下实验室的观察仪发生了奇异的偏差。设在巴黎市郊的这个地下实验室，利用一只重7500克的钟对地球引力做长期观察。这个钟由一根长83厘米的金属棒支持，底座重4500克，总重量为12公斤。因为钟摆的摆动平面对地球表面来说处于转动状态，这种转动和理论计算中的转动之间的变异，可以反映出地球的运动。

1954年6月30日中午正值日食，莫里斯·阿雷更是格外注意钟摆的运动。日食发生时，他惊讶地发现钟摆的摆动平面移动了15°。这一现象一直持续到日食结束。这种情况过去从未发生，后来也没出现过。当时科学界对此做出的种种解释都站不住脚。

30年以后，一位科学家提出了一个大胆而又新颖的解释：1954年6月30日发生的物理异常现象是来自宇宙空间的一个智能信号。他的推理是这样的：外星人一定了解引力的奥秘，他们很可能掌握左右引力的方法，用它来推进飞碟，飞碟才具有地球人不可思议的种种奇妙本领。假如外星人决定利用引力来引起我们注意的话，最佳选择便是利用日食之际，干扰地球上天文学家的观察。日食发生时所出现的奇异的物理现象就是外星人利用引力搞的恶作剧。

荷兰天文学家马滕·施密特经过详细的测量得出结论，CTA−102射电星距离地球有100亿光年。这就是说，无线电射束要真正来自智能生物，那它一定是100亿年前发射出来的。科学家们更加茫然了，因为100亿年以前，我们的地球根本不存在。难道天外文明世界100亿年前就存在了？

宇宙太浩瀚了，更有千奇百怪的疑团充斥着这个浩瀚的宇宙。人们要探索的奥秘太多了，而我们所能了解的事实又实在太少了。

科学家发现的神秘太空信号

外星人存在之谜

根据美国当局在1997年进行的一次民意测验显示，68%的人相信确有飞碟存在，而有32%的人却认为上帝从来不会制造外星人，相信有外星人同相信人死后可以上天堂一样不可理解。为此，在美国国内还一度引发了一场大争论。

众所周知，在宇宙中至少有1000亿个银河系大小的星系，而银河系本身又有2000亿个太阳系。因此，其中一定会有与地球环境相似的星球，那么，在那些星球上也应该同地球一样有智慧生物。当然，并不是所有的外星智慧生物都能借助飞行器到达地球，但起码有少数外星球的智慧生物能做到这一点。外星人造访地球当然有许多难题，那就是银河系中离我们最近的仙女座M-31河外星系，距我们也有200

万光年左右。假如真的曾有外星人乘飞碟来过地球，那么他们即使用光速飞行，时间也还是太长；除非该外星人长生不老，或者能活1万岁以上，而且飞碟速度是光速的100倍，但实际上这几点都是不可能的，尤其是后一点更让人难以置信，因为目前最快的宇宙飞船也只能是声速的20倍，还不及光速的1‰。况且，超光速造成的一个致命危险是"刹不住"，即很容易与其他星球发生对撞，如此快的速度很容易导致双方同归于尽，就像两辆全速对驶的赛车相撞一样恐怖。

尽管如此，依据爱因斯坦的相对论，这种超光速飞行在理论上仍然是可能的。因为当飞碟或宇宙飞船的速度接近或超过光速时，飞碟内流逝的时间便比正常时间慢出许

奇异的飞碟

多，而且飞碟速度越接近或超越过光速，其内部时间就流逝得越慢。就像传说中的"天上一日，人间一年"，在超光速的飞碟内待上一天，在人间则已是百年千年以上。

也正是基于这一认识，美国前总统吉米·卡特——一个狂热的飞碟迷在他任总统期间，曾拨出近亿美元的巨资，建成一个"地球—外星人"联络中心，并于1977年向天外发射了一艘无人驾驶的"旅行者"号智能宇宙飞船。在飞船上，不仅标出了地球的位置，还特意画出了男人与女人的全身图，并伴有

28首世界各地的名曲（其中包括中国2首古曲）。卡特的一段话也用5国语言录了进去："这是来自一个遥远的小型世界的礼物，是我们的声音、我们的科学、我们的意念、我们的音乐、我们的思考和我们的情感的象征。我们正努力延续时光，以期能与你们的时光共融。我们希望有朝一日在解决了所面临的困难之后，能置身于银河文明世界的共同体中。这份信息把我们的希望、我们的决心和我们的亲善传遍广袤而又令人敬畏的宇宙。"

人类描述的外星人形象

对于卡特总统所做的这一切，许多人都认为是痴人说梦，因为该飞船的速度并不比音速快多少，这样的速度，要飞出太阳系都需要千年以上，更何况要飞越整个银河系了。但支持者仍然持乐观态度，说不定恰好有一群外星人驾着飞碟碰见了该飞船呢。

反对飞碟存在的人又提出了另一个观点，那就是：尽管飞碟之类的物体非常奇异，但一般目击者对外星人的描述太像人了。他们认为，虽然宇宙其他星球的生命形式可能也像人类一样由原子和分子组成，但进化过程中必定有着大相径庭的差异。因此，可以推断外星人应当与地球人完全不同。所以他们认为，目前世界各地的目击者对外星人的描述纯属虚构。

此外，持怀疑态度的科学家还认为：假如外星人能自由出入大气层，能实现惊人的飞行速度，征服时间和空间，那就说明他们的科技已达到了无所不能的地步，那么他们为什么不以更方便、更有效的方式与人类联系呢？

在没有彻底弄清事实真相之前，确实有许多疑点存在。正是由于这大量的疑点，人类才产生了焦虑和旷日持久的争论。或许，在将来的某一天，在广袤的宇宙之中，我们会真正找到宇宙人。那时候，所有的关于飞碟以及外星人之谜必然会大白于天下。

我们殷切地盼望那一天的到来。

外星人会不会进攻地球人

地球在茫茫宇宙中就像砂粒一般渺小。但是，这样一个小的球体竟引起飞碟如此浓厚的兴趣，世界飞碟学者们在纳闷之余，对此提出了种种推测和假设。美国著名飞碟作家基荷少校认为，飞碟的出现不是凶兆，他列举美国军界负责人提供的理由说，飞碟监视地球，不会向地球人发动进攻，原因是：

（1）飞碟对地球进行过广泛的监视，并未公开表示过恶意，这说明天外来客有一个更为庞大的计划，他们需要同地球人友好接触，在此之前，必须有一个较长的适应阶段。

（2）地球周围出现的飞碟数量不多，尚不足以大举入侵地球，大部分飞碟仅仅是观测飞行器，它们的航速很容易甩开追捕它们的喷气式飞机。

（3）地球人并非赤手空拳，我们有为数众多的导弹，可以追击高空的飞船。

（4）大量实例证明，飞碟努力避免同地球人发生冲突。个别伤人事件应当被看作是意外的事故。总的来讲，如果外星人真的存在，那么可以想象这些智慧生物对我们可能持三种态度，我们也可以相应地确定对他们采取什么态度，并且决定回不回答他们的来电。

第一种是抱有关心、相互可以理解的态度。换句话说，外星人关心我们，对我们有好感，这是最理想不过的。外星人可以向我们提供相当尖端、相当珍贵的科学、技术、艺术以及其他各类情报，提醒我们不要走弯路。

第二种态度是外星人理解我们，但不表示关心。换句话说，他们对我们怀有好意，却不帮助我们。尽管这种态度令人不快，可能性却很大。如果外星人的文明远远超过了我们地球人几千年或者更长的时间，恐怕他们将会用怀疑的目光观察我们，就像我们以同样目光看蚂蚁是否有智能一样。是啊，我们又能向蚂蚁教授什么，警告什么呢？

第三种态度是表示关心，但不理解我们的心情。也就是说，他们之所以对我们感兴趣，只不过是出于实用的观点，比如，想尝尝地球上的美味佳肴。

以上三种态度分别是：怀有好意，但没啥意思；令人不快，却没有什么危险；虽然有些危险，但对我们关心。

为了扩大我们的知识面，必须克服厌倦、愤怒和惧怕心理。若分析这三种心理，克服第一种心理十分困难；克服第二种心理有相当的困难；最难办的是克服第三种心理，因为必须加以克服的这种恐怖，还不知道它是从哪里来的。这

里，让我们详细分析一下这三种态度。

首先，如果地球外的文明天体的技术水平足以发现我们的话，我们再躲藏也没有用，这并不是主要的问题。人们认为扩大"合作范围"是发展自己的关键，并为此而不断地努力；人们也体会到井底之蛙最终是没有前途的，所以多方努力，开阔眼界。这个合作范围早晚要扩展到宇宙规模，或许现在就已经提到日程上来了。地球人遇见的外星人越是和地球人极端不同，这种接触就越是有益，越能促进地球人思想的发展。

和地外文明交换了电讯以后，地球人很可能和高度发达的生物相遇。而且这种相遇有助于我们了解自己在宇宙现状、宇宙进行阶段中所占有的位置。衡量事物的尺度不同，得出的结论也必然不同，地球人很多现实的考虑都是适应日常的尺度或历史的尺度的。看来，地球人应该把它转换为宇宙的尺度，否则将会成为愚蠢人。

这是了解宇宙的一个有利因素，它会开阔地球人观察事物的眼

界。如同上面提到的，在进化过程中，更有必要从更高的角度观察地球所占据的位置。地球人是在一定社会条件下的、生物的、宇宙进化的产物。宇宙进行的无机阶段已经按照发展规律到达生物学阶段；而生物学阶段又进而达到了社会阶段。

尽管地球人不清楚今后将会怎样发展，但是，认为已经到了最后的阶段，显然是幼稚的。从理论上说，宇宙进行可以包括很多阶段，认为达到我们人类的进行阶段已是最高发展阶段的想法，未免过于可笑。

地球人无疑是首先要寻求保存自己的。同样，恐龙也寻求过保存它们自身。如果恐龙得以保存下来，人类大概就不会存在了。宇宙的进行没有把恐龙作为发展的顶点而永远停滞在恐龙阶段，这正是大自然的贤明。

逃避是无益的。高度发达的地外文明，只要下决心和地球人接触，躲也躲不过去，不如因势利导，从他们那儿学习更多必需的、重要的知识，并且通过他们，地球人才能知道自身进步发展的道路还十分漫长遥远。历史长河赋予地球人的工作时间还绰绰有余，地球人不但没有全部揭示进化的社会阶段中的许多奥秘，而且还有着相当遥远的距离。除此以外，包括某些充满自信的发现在内，都还掺杂有很多推测的成分。

那么，果真能和外星人达到相互理解的地步吗？确实，就地球人目前的状态，做到相互理解是十分困难的，有着诸如社会的、人种的、年龄的大大小小五花八门的障碍。尽管这样，人类还是越来越求大同，寻求和平与相互理解。人类和其他外星文明相遇，意识到自己在宇宙中的地位，说不定能加速人类社会的大发展呢！正因为这样，地球人才有必要不畏风险，和外星人进行接触。

遇难的神奇外星人

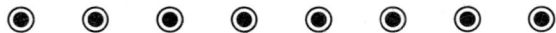

曾出现过类似外星人伤害人类的事件，但比较而言，真正伤害了人类的飞碟是极少的。因此，科学家劝告人们，见到飞碟后不要以武器还击。

1957年7月24日，苏联一群"米格－15"战斗机，正在千岛群岛的炮兵基地上空进行战斗演习。突然，一个三角形飞行物向机群飞来，在离机群300米的地方骤然紧急刹住，静静悬在了空中，令几名目击此景的飞行员瞠目结舌。地面指挥部急忙命令：立即远离危险区！说时迟那时快，三角形怪物掉转屁股，对着机群喷出一条巨大的火舌，离它最近的一架飞机顿时起火，飞行员急忙跳伞，其余几架飞机赶紧向四面飞开。

"立即以炮火还击！"地面指挥官一声令下，全岛所有的炮火一起对准飞行物，射出一发发愤怒的炮弹，但竟没有一发击中目标！只见飞行物以极快的速度飞离炮火袭击区，几秒钟之内便在人们的视线中消失了。俄罗斯人忍不住哀叹，人类现阶段的武器远不能与UFO抗衡。尽管从上述这件小事中我们可看出，外星人同地球人已有过不少接触，但人类却很少有机会目睹外星人与飞碟的真实模样。倒是美国中央情报局透露出来的一份绝密文件，提到了六十多年前一件鲜为人知的飞碟遇难事件，令人大开眼界。

1948年3月25日上午8点左右，一个银光闪闪的圆盘形飞碟，突然出现在美国新墨西哥州的奥德克市上空。令人奇怪的是，它在空中剧烈抖动几下后，一头扎向了东北方向。但在当时，附近的地面雷达却莫名其妙地全部失灵，捕捉不到任何信息。

消息迅速传到美国当时的国务卿马尔萨勒将军那里，他立即组织了一个行动小组，主要任务是秘密回收该飞碟，并将其运往专门机构进行研究。

几个小时后，行动小组在奥德克市东北找到了目标——一个直径30多米的银白色金属圆盘半倾斜地躺在地上。

随同而来的几名科学家，对飞碟外壳采用各种方法进行了研究，得到的是一个惊人的结论：飞碟外壳是用一种地球上无法达到的高熔点轻金属制成，它虽轻如泡沫，却坚如钻石，并能耐受10000℃以上的高温。

接着，科学家们又对飞碟形体进行了研究：这是一个平心轮式的飞碟，由许多大小金属环依次相连而成。上面找不到一颗铆钉或螺丝，甚至连一点儿焊接过的痕迹也没有。而在地球人类当时的条件下，根本无法制造出这种奇特的飞行器。

行动小组费了好大工夫才找到飞碟的舷窗，他们用随身带的大威力步枪射了十几枪，才把一个窗户打出了一个小洞，里面顿时冒出了一股难闻的气体。又费了很大劲，一个可容人体进出的洞才被弄开，两名科学家戴着防毒面具爬了进去。他们把里面的一排排闪光按钮按了半天，才找到了暗门开关，入口才被打开。

在飞碟内部，人们看到了一个自动驾驶仪，它由许多精密部件组成，与主体紧紧相连。他们在飞碟上还找到了一本"书"，它是由像牛皮纸一样坚硬的类似塑料的书页制成，书中印着许多稀奇古怪的文字，很像梵文，但没人看得懂。

尤其令科学家们欣喜不已的是，飞碟内竟有14具穿着"皮衣"的外星人的尸体！这些外星人身高在90～110厘米之间，体重都在18公斤左右。其面部特征极像蒙古族人，长着一个与瘦小身体极不相称的大脑壳，鼻子与嘴巴很小，蓝色的眼睛却睁得很大，有点"死不瞑目"的架势。他们的颈部很细，四肢瘦长，脚上和手上都长着类似鸭脚一样的蹼。在后来的生理解剖中还发现，这些外星人根本没有消化系统，没有胃和肠道，没有直肠和肛门，甚至也没有发现生殖器官。

接着，在进一步解剖研究中，科学家们惊讶地发现，外星人具有比地球人更为发达的淋巴系统；而且，他们的细胞重量小得惊人，比地球人小了几倍以上。通过这一切，科学家们认为过去的遗传学理论将面临一场新的挑战。

直到今天，这些外星人的尸体一直被秘密保存在某科学研究所。尸体被浸泡在福尔马林药液中防腐，但几天后便已完全变成了白色，这是因为外星人的机体内缺乏我们地球人体内所特有的色素粒，其血液是不含血红素的无色液体。由于美国政府对保存外星人尸体之事秘而不宣，因而，人们对外星人是否真的造访过地球，众说纷纭。

UFO之谜

UFO是指不明飞行物体，又称飞碟，最普遍的一种说法是"飞碟是外星人往来地球的交通工具"。世界上许多国家都十分关注飞碟现象，都曾调动人力、物力加以研究。

美国在飞碟研究方面最为积极，调派一流科学家负责研究和追踪，花了数亿美元。但令人遗憾的是，UFO之谜不仅未能解开，在科学家看来，UFO反而越发神秘了。

美国国家安全局2001年8月，在网上公开秘密档案，在数万计的秘密档案中，UFO档案最特殊也最具争议性。此档案称为"蓝皮书计划"，历年累积的资料和研究报告，据说已超过15万页！当然这些所谓的研究报告可能是一堆废纸，一文不值，也可能是统治世界的秘密所在。这只有国家安全局自己心里有数。

UFO的出现已有数百年甚至上千年的历史。据史料记载，美国南北战争的英雄格兰特曾经亲遇UFO。当时他不明白这到底是种什么飞行器，于是下令朝UFO猛烈开火。不可思议的是，格兰特没有把UFO打下来，反而把自己打趴下了。事后身体严重不适，只好卧床休养数日。

格兰特一直记挂着UFO。他于1869年当选美国第18任总统。刚一上任，便批示陆军部长罗林斯：一旦发现UFO，务必设法把它打下来，看看UFO到底是什么玩意。

然而，罗林斯不仅没有完成格兰特的神秘使命，UFO反而越打越多。第二次世界大战后，UFO出现次数大增，美国空军于1948年成立了UFO小组，收集资料存档。美国国防部于1949年成立，负责管理该档案，1952年国家安全局成立，接管"蓝皮书计划"。

据国家安全局这次公开的资料，1948～1958年间，美国录得全球UFO出现次数为6060次，引起科学家的莫大兴趣，这更坚定了美国政府查清UFO的决心。

杜鲁门总统是个不折不扣的飞碟迷。也许是UFO捉弄杜鲁门，他就任总统后，怪事便接连出现。先是发生所谓的"外星人出现"事件，UFO强力磁场影响到无线电广播及雷达；后来又有人声称目击UFO坠毁，搜索人员在出事地点真的发现了金属碎片，经化验后证实是纯度极高的镁，镁和铝合金是制造飞机的主要材料。一连串的事件弄得杜鲁门心头发痒，他要求成立科学委员会，把UFO查个水落石出。

可是，UFO还是越查越多，越查越神秘。1958-1968年间，又录得6558次UFO事件。1968年，约翰逊总统批准由著名物理学家康登领导30多名科学家研究和追踪UFO。康登是美国原子弹之父奥本海默的助手，是原子弹功臣之一。

面对越来越多的目击UFO事件，美国空军科学研究办公室于1966年决定扩大UFO研究计划，由科罗拉多大学具体负责，康登率领37名科学家对不明飞行物体进行深入研究和分析，包括检查雷达站资料、照片和侦察监听站的情报。

美国最早期宇航员之一的库珀宣称，他见过飞碟，并指出美国政府隐瞒了外星人飞船前来地球的事实。他认为国家安全局拥有很重要且有价值的UFO档案，其中涉及有人以不同方式接触过UFO，或互通信息。

宇宙飞船失踪之谜

◉ ◉ ◉ ◉ ◉ ◉ ◉ ◉

1879年5月15日，"兀鹰"号轮船全体船员看到两个直径约130尺的"巨大光轮"在波斯湾上空旋转，然后慢慢落入水中。次年5月，英国东印度公司汽轮"派脱纳"号在同一地区看到类似的光轮，四周的海域同时出现磷光。

多年后，又屡次传出类似的消息。1901年4月10日下午，"基尔瓦"号上的人在波斯湾见到一个旋转的巨轮。1906年，一艘英国汽船报称在阿曼湾见到一个巨轮。1909年，一名丹麦船长在南中国海见到类似现象。船长说，轮子大部分在水面之上，只有小部分没入水中。它闪闪发光，还有响声。1910年8月，荷兰汽船"瓦兰汀号"在南中国海见到另一个光轮，像个平放于海面的碟形光体。

1951年8、9月间，一连串夜空光体在美国得克萨斯州拉巴克附近出现，其中一些外形像普通的有翼"飞行器"。看到光体的有好几百人，有一个还照了照片为证。雷达也录得光体的踪迹。

1966年1月19日上午9时，澳洲比昆士兰一名种香蕉的人匹特莱，驾着拖拉机穿过一片甘蔗田时，看到一艘"太空船"从前面约26码外的马蹄铁环礁湖升起。他说船呈蓝灰色，宽约25尺，高9尺。他还说："它垂直上升到60尺左右，一边上升，一边以惊人的速度旋转，然后略略俯冲，再陡地攀升，向西南方飞去，移动神速。数秒钟后即已消失无踪。"

匹特莱连忙跑过去观察发现不明飞行物的地方，见到一个直径约

30尺的下陷圆形地区，其上的芦草倒入水中，已经枯死了，循着顺时针方向盘绕，好像被什么强大的旋转力搅动过一样。

匹特莱后来说，不明飞行物离开后，他在那圆"巢"周围闻到一股硫黄味。

调查下陷的圆形地区，发现其中芦草厚9寸，都被连根拔出，浮在5尺的水里。"巢"底下有三个大洞，可能是"着陆造成的凹痕"。后来，在离这个"巢"仅25码处，又发现两个类似的"巢"。

官方的报告认为，"巢"是"汹涌的湍流造成的"。每年此时在北昆士兰常见的雷暴，都可能带来这种湍流。

1971年11月2日黄昏，堪萨斯州德尔福斯附近，16岁的少年约翰逊携犬散步，突然看到一个色彩斑斓的蘑菇形物体，在距地面不足2尺处盘旋，离他只有25码。约翰逊估计它的直径约为9尺，发出像"旧洗衣机振动"的声音。接着它的底部射出一强光，照得约翰逊什么也看不见，然后飞走。几分钟后，约翰逊恢复了视觉，跑回家告诉父母，一家人赶到外面，都说看到了物体，"那时它已在高空"，后来消失了。

美国五角大楼曾发布过一条惊人消息，自从二战后北约和华约两大军事集团对峙以来，在美国与其盟国的多次军事演习中，都曾发现有不明飞行物在跟踪，美军指挥官曾多次下令将其击落，但奇怪的是，飞机一飞到接近射程范围就飞不进去了，有一股莫名其妙的冲击波将其挡在外面。有几次甚至发生机毁人亡的惨剧。在苏联与其他华约国家的军事演习中，也遇到过类似的情况，双方都以为那是对方的新式武器而惶惶不可终日，并把这些接触事件列为高度机密。

后来，俄罗斯当局公布了发生在1962年6月的"绝密材料"。在那次事件中，两名苏联宇航员在太空飞行中神秘失踪。

在当时，苏联的宇航技术领先于美国，因此，每当苏联宇宙飞船升空时，北约集团就感到忐忑不安，并在几乎所有盟国中设立了监听站，据来自西德、法国和意大利等国的监听站人员的报告，从他们监听到的两名苏联宇航员向地面站的报告中，清清楚楚地听到了宇航员说在船舷的窗外看到了一个发亮的不明物体，但几秒后对话就中断了，事后西方国家的报纸纷纷报道此事，但苏联当局对此不做任何评述，既不否认，也不承认，直到后来俄罗斯当局公布真相后，才知道两名宇航员在汇报了两句话后，就连同宇宙飞船一起莫名其妙地失踪了。

后来，美国在宇航事业的发展过程中，也曾多次遭到不明飞行物的跟踪，曾任美国国家航空和宇航局通信处主任的物理学家莫里斯·查特说："美国的所有'双子座'和'阿波罗'宇宙飞船，在飞行时都曾遭到外星宇宙飞船的跟踪。"

宇宙飞船就这样从我们的视野中消失了

外星人提取土壤样本之谜

◉ ◉ ◉ ◉ ◉ ◉ ◉ ◉ ◉ ◉ ◉

　　曾经在俄罗斯南方斯塔弗罗波尔，一个名字叫乌斯诺叶的小村庄里出现过一个奇迹，仅仅过了一个晚上，田野里突然出现了几个大大的圆圈，当地居民立刻向政府报告，请官员们记录下这个奇怪的现象。据田地的主人说，这些大圆圈是用庄稼做的，但是他附近的庄稼一点也没有遭到破坏。

　　地方官员立刻亲自带了测量

外星人提取地球土壤样本后飞走了

相传这是外星人在地球上的杰作

人员前来调查，结果发现，一共有4个大圆圈：其中，最大的一个，直径20米，其他3个直径5～7米。科学家们对此进行了调查分析，认为这4个大圆圈好像是用手画出来的，而且都是顺时针方向。地方安全部门也派了专家赶到现场，他们经过仔细检查，没有发现任何化学物质和放射性物质，因此，不大可能是人类所作。与此同时，邻近村庄有些目击者说，他们曾经看到这个村庄的上空出现不明飞行物。

因此，科学家和安全部门官员初步认为，这是外星人的杰出作品：可能是外星人来开玩笑，也可能是他们到田野里获取庄稼样本。当地安全机构负责人华西里说：很明显，这不是地球上的人干的，是我们不知道的客人来登陆了，前后一共只在几秒钟发生的事。俄罗斯电视台播音员，也向观众们介绍了摄有几个大圆圈的照片，并且解释说，很有可能是外星人来提取土壤的样本。更加使人不可思议的是，在那个最大的圆圈里，有着20厘米深的圆柱形洞穴，而且围着油漆过的墙壁。当地农民感到很惊讶：外星人为什么要来提取我们的土壤样本呢？

外星人来自何方

◎ ◎ ◎ ◎ ◎ ◎ ◎ ◎ ◎

　　UFO来自何方是一个大家最关注的问题。人们对UFO的来源作了种种推测。我国和西方各国均有人研究所谓的UFO基地（即母星和活动地点）问题。虽然说法不一，但归纳起来可分成两大类：一类是宇宙基地说，另一类是地球基地说。

　　1.宇宙基地说

　　不少UFO研究者认为，UFO来自外太空（即来自银河系或其他星系）。它们是由若干艘庞大的宇宙飞船——UFO母舰——运到太阳系附近，在那里自成基地或寻找某个星球建立基地，然后再被释放出来，列队或单独进入地球空间。这些UFO有时无乘员驾驶，受母舰遥控。有时由类人生命体或机器人控制。据推测，UFO可能在太阳系的金星、火星或其他行星或其卫星上

建立了"中继站"，也可能在月球上中途歇脚或作永久性驻地。

　　2.地球基地说

　　美、英、法、日等国的UFO研究者中，不少人认为UFO并非来自外太空，其基地就在地球上。持此种观点的人又分三类：

　　海底基地说：加拿大的让·帕拉尚等人首先提出这种假说。他们经过调查研究，认为一万或几万年前，大西洋上原有个高度文明的大西国（在大西洲上），后来因发生战争或洪水或星球撞击，使大西国沉沦洋底，大西国人（即玛雅人）随之转入洋底生活，在那里建立永久的基地。但有时也乘UFO冒出海面，遨游空间。帕拉尚等人还用此观点来解释百慕大三角的神秘事件和UFO经常出没这片海域的奇异

现象。

南极基地说：在UFO研究者中少数人认为，飞碟可能是德国纳粹的秘密武器。UFO专家安东尼奥·里维拉就曾这样认为，他经过调查得知，第二次世界大战末期，德国人设计出了几个飞碟，其中几架很可能被纳粹用潜艇运到南美和南极。南美洲，特别是阿根廷、巴西的UFO现象十分频繁，这一现象似乎足以证明这个假说。因此，一些人便推断南极存在着UFO基地。后来的资料表明，二战时，德国确实研制过飞碟，战败时将样碟和工厂炸毁，人员流散在美国等地。尽管如此，这种地球人造飞碟绝不能包括所有的飞碟。

地内基地说：以德国UFO专家威廉·哈德森炎为代表提出，UFO是地球上一种高等智慧生物的乘具，这种智能生物长期以来居住在地球深处，在那里发展了一个地下文明；它们不习惯在地球表面的空气中生活，因而需乘特殊飞行器才能外出，进入空间。它们的出口通常建在深山峡谷之中，或荒无人烟的大沙漠深处。也有人认为，地层的裂缝是它们的天然出口，非洲大峡谷地带是UFO案例多发区，正好支持了这种假说。

另外，美国一飞行员在对北极进行考察飞行时曾见过绿洲和洞口，并飞入亮如白昼的洞内。如果此事确凿，这是支持UFO地内说的最好案例。因此，裂缝处或洞穴处往往是UFO现象的高发地区。有人还指出了地内文明人出入地球的出入口位置。

另外，法国的UFO专家亨利·迪朗经过调查后提出，广瀚的沙漠地带可能是飞碟的活动地。因此认为我国西北新疆群山与沙漠以及蒙古人民共和国的首都乌兰巴托南边是戈壁大沙漠，这里发生过多起奇异的事件，其东北面是雅布洛诺夫山脉。在该市与大山脉之间有五个荒凉的沙漠区域，四周有陡峭的山崖的保护。从中国和苏联西伯利亚得到的目击报告表明，飞碟的飞行路线经过这一无人区域。这一点同一些探索者观点相吻合，这些探索者指出，这个地区和戈壁沙漠可能是外星人的基地……他们认为："俄国人炸毁了位于蒙古北部的一个秘密的飞碟基地。这个基地由一些隧道和金字塔形的建筑物组成。"这种结构与在月球上发现的结构极其相似。

我国也有人提出戈壁中可能是UFO基地的推测。并有许多事实（包括人员失踪事件、UFO跟踪民航飞机的案例，以及1993年秋中英考察队路经塔克拉玛干大沙漠时遇到飞碟）都说明UFO确实在新疆戈壁滩出没和活动。

UFO为什么选择沙漠作活动基地呢？

第一，如同地球人类向月球发射载人飞船选择月面沙地和回收飞行器选择月海作为软着陆场地一样。同样，外星人要在地球上着陆，采集标本或进行研究，戈壁滩沙漠可以说是他们选中的好地方。

第二，据美国的专家埃梅·米歇尔分析，外星人驾飞碟有避免同地球人发生第三类接触（即近距接触）的倾向。如果此结论成立，那么人烟稀少、人迹罕至的浩瀚戈壁沙漠，理所当然地是它们在地球上活动的好场所。在那里不易被人发现。

第三，在地球上，沙漠是陆地面积的重要的一部分，外星人研究地球，沙漠自然就是不可缺少的部分。有名的戈壁沙漠大多群山环抱、地域辽阔、地形复杂、气候多变，地下还有丰富的石油等矿藏，是一个不可多得的综合研究对象。

从近几年来的UFO案例来看，UFO起初多在偏僻处活动，尽量少与人类接触。凤凰山奇案说明飞碟也喜欢深山老林的奇异地带，经过考核，凤凰山一带和大兴安岭、西伯利亚很可能有飞碟基地。

近来UFO却频频出现在大城市，军事要地和核基地，似乎也不那么怕与地球人正面接触了。可见外星人在考察地球的过程中，也有一个从陌生到熟悉的过程，从避免接触到逐渐增加接触的过程。

外星人给人类洗脑之谜

⦿ ⦿ ⦿ ⦿ ⦿ ⦿ ⦿ ⦿ ⦿ ⦿ ⦿ ⦿

　　美国不明飞行物共同组织类人生命研究组有一份报告，记载着世界各地著名的劫持事件，共166起。

　　这些事件的10%与不明飞行物直接有关。该研究组的一位负责人戴维·韦布，是位物理学家，他在谈到这类劫持事件的某些特点时说：

　　"不明飞行物乘员会在飞行物内对被劫持人进行医学检查，他们往往使被检查的人身患健忘症，他们在劫持者与被劫持者之间进行着一种难以理解的联系，使被劫持者全身瘫痪。"

　　从地理角度来看，拥有可靠证据的劫持事件有一半数发生在美国，其次是巴西（20%）和阿根廷（6%）。在这些事件中，除了几起分别发生在1912年、1915年和1942年外，其他的事件都发生在1947年之后。从1965年起，这类事件奇怪地增多了。美国不明飞行物共同组织收集到的案例，都发生在1970～1975年。这5年当中共80多起，占总数的53%。

　　但是，令人更加感到震惊的是，这类已知的事件仅仅是劫持事件中的一小部分。

　　那么，为什么许多劫持事件没有被披露出来呢？一个重要的原因是，大多数被劫持的人（人们通常称他们为"被接触者"）事后都回忆不起自己的那段不平常的遭遇了。当这些人能够神志清醒地回忆起自己曾经看到过一个不明飞行物时，他们头脑中的"劫持情节"却奇怪地总是处于一种下意识的状态，即他们总依稀觉得劫持的情节好像故意从他们头脑中消失掉了似的。他们所能记起的和意识到的，只是无法解释的时间上的"漏洞"，即有几分钟或几天时间，他们也不知道自己待在了什么地方。著名的特拉维斯·沃尔顿劫持案，发生于1975年11月5日美国亚利桑那州的希伯，在这次事件中，被劫持者失踪了5天。

随着时间的推移，一些"被接触者"往往在突然清醒或梦幻中，想起了自己遭遇中的某些情节。当这些人意识到自己的确与非地球人"接触"过，并因此在精神上受到创伤时，他们中的大多数人都会马上去找心理学家或不明飞行物学家。然而，也有不少人对自己奇怪的经历守口如瓶：他们或是由于害怕，或是由于无动于衷，即他们不想让别人仔细地分析自己所经历的时间"漏洞"到底是怎么回事。

科学家们认为，这些人的健忘症是由于某种形式的洗脑引起的。因此，人们可以采用医学催眠术来使这些人回忆起以前发生的事情，这种方法叫作"时间倒退法"。在大多数情况下，用这种方法都会获得令人满意的效果。目前，学者们在调查劫持事件时，一般都要对"被接触者"进行催眠术，哈德博士经常使用这种方法，他是用催眠术来调查不明飞行物劫持事件的前驱，也是有幸于1968年7月，在美国科学与宇宙航行学委员会上阐述不明飞行物问题的6名科学家之一。

此外，美国怀俄明大学（拉腊米）的心理学副教授利奥斯普林科尔博士，也是位著名的使用催眠术来研究这类劫持事件的学者，这位学者曾调查过不明飞行物史上两起重大的劫持事件：一起是赫布·沙尔默警官事件（1967年12月3日发生在美国内布拉斯加的阿希兰），另一起是猎人卡尔·希格登事件（1974年10月发生在美国怀俄明州的罗林斯）。斯普林科尔博士曾率领一支由私人与官方资助的调查组，对以上两案进行了调查。从1962年起，这位博士成为康登委员会的空中现象研究会研究员。

哈德博士和斯普林科尔博士认为，使用催眠术的时间倒退法是最有效的方法，是目前唤起被抑制的记忆和证明目击者报告真实性最为可靠的方法。哈德博士在谈到使用催眠术来获得准确的信息时，可能会遇到的困难时说：

"首先，许多曾见到过不明飞行物乘员的人，会忘记自己的那段经历。有时，一种不真实的回忆会取代真实的回忆。例如，一位接受催眠术的人说，有人曾指给他看动力装置，对他说这个装置是靠'锂晶体'来转动的。当时，我马上想到这种解释与电视片《星牛》中的情节相同。我们没有任何理由认为，锂晶体会在真正的不明飞行物的发动系统中起作用……但是，如果几位接受催眠术的目击者回忆起来的情节都一样的话，我们就应当认真对待了。因为处于催眠术状态的目击者的心理，是不可能欺骗得了反询问的……我不相信，在催眠状态下，我所怀疑的撒谎的人能欺骗我。"

哈德博士不认为被劫持的人都是些具有专门特长的人，他说："看来，各个民族和各个人种都有'被接触者'……然而，一般地说，被劫持者的智能要比普通人略微强一些。根据我个人的经验，这些人似乎都比大多数人更'通灵'。"

至于那些出现在地球人面前的非地球人的态度，差别很大。这位博士说：

"有些人态度很友好，像是在帮助人；有一些则冷冰冰的，态度冷淡。"

可以说，除了个别的事件外，这些来自另一个星球的客人，并不凶残粗暴或咄咄逼人。

那么，这些类人生命体将地球人劫持到不明飞行物上后，为什么要对他们进行各种各样的医学检查呢？对这个问题，有些学者认为，不明飞行物乘员中这种可疑的"诊断"行为是极令人费解的。但他们认为，对这类事件进行研究是我们研究人类及其环境不可缺少的一部分。类人生命体的这些怪异的行动，不禁使我们想到了我们地球人为监视正在消亡的生命体的运动和行为所制定的"预防"计划。我们是否可以认为，不明飞行物把我们地球人看成了银河系中受到威胁的人类？

然而，这些类人生命体对被劫持者进行身体检查，使之丧失记忆的事实，使另一些研究人员倾向于这种观点，即也许在劫持的后面隐藏着更加险恶的阴谋吧。这些研究人员的论据是：被劫持者被类人生命体抽了血（一般都是抽淋巴液和关节的血）；一些奇怪的物质被注射进被劫持者的静脉之中。

持这种"险恶阴谋"理论最有名的学者是约翰·A·基尔，他在自己的论述中写道："如果不明飞行物乘员对我们淋巴系统和人体的其他保护组织感兴趣的话，我们对出现在夜空中的奇异光芒感到忐忑不安是完全有理由的。"

基尔甚至认为，有些"被接触者"也许被类人生命体用外科手术改变了性格。他写道："我们知道，洗脑技术在同不明飞行物乘员接触的事件中是占有重要地位的。我们还知道，许多目击者能清楚地回忆起深深印刻在自己脑海中的伪造的情节，这显然是这些乘员想把事实真相掩盖起来，这的确是很可怕的。目前，世界各地的研究人员收集到的大量证据说明，许多目击者的性格突然发生了变化，他们的生活方式也发生了变化。这些行为上的骤变清楚地说明，被接触者的大脑被施以了某种形式的大手术。"

在这个问题上，人们不能排除这样一种可能性：这些行为变化属于正常的心理变化，而这些心理变化又是由对生活意义的新解释和领悟到地外生命的真实性引起的。

外星小矮人之谜

1935年，世人发现了生活在西藏深山中的一群奇怪的小矮人。科学家们对这群小矮人的两个部落的朱洛巴人和康巴人进行考察。

朱洛巴人和康巴人认为他们的家乡不在地球，而在遥远的星空。如今两部落的人都以狩猎和放牧为生，在离村子外几千米的地方，有几个视为圣地的山洞，千万年来从没有人进去看看里面的情况。

科学家们进入山洞，令他们惊奇的是，洞中有数百具人体骷髅。骷髅的身高都不足一米，但是头盖骨却特别发达，估计其脑容量在2500毫升左右。根据碳14测定，骷髅的年代有1.2万年左右。洞中的岩壁上画满了壁画，画有太阳、月亮，而且准确地标明数十个星球的位置，还有一小队飞船对着地球山脉斜飞来的情景。

科学家们继续在洞中搜索，发现了一个类似电唱机唱片的圆盘，它用坚硬的石头加工制作而成，经过两个月的紧张发掘，考古学家们一共发现了716个圆盘，形状大小与第一个完全一样，制作得十分精致。经过分析测定，发现它们不是简单的石头制品，而是一些名副其实的电磁盘，其中有40%的钴，8%的镁，只要接通电流，它们就会发出强烈的、有节奏的颤动。

石器时代的人能取得如此惊人的成就？

人类也只有1.2万年之后，英国人才用合金（40%的钴，12%的钛或钨，46%的铝或特种钢）制成计算机用的电磁贮存器。716个圆盘的正反面都刻有陌生的细密文字，成螺旋形从中心的小孔延伸到圆盘的边缘。文字的含义是什么呢？

考古学家们经过二十多年的破译，终于获得惊人的成果，将圆盘上的文字全部破译出来。这件事的意义非同寻常，因为圆盘上的文字跟地球上任何一种语言毫无共同之处。

经过三年的验证之后，储鸿儒教授发现了《根据石头圆盘上所刻的环形文字，1.2万年前曾有宇宙飞船到过地球》的论文，破译的文字属于朱洛巴和康巴部落的祖先。圆盘上的文字说，康巴人的飞船发生故障，"飞船无法修复，制造另一艘飞船亦不可能"，"在蛇谷的红岩上，我们的飞船撞上了附近的岩壁，头部被撞坏了"。康巴人不得不永远留在地球上。

朱洛巴人亦与康巴人有相同的遭遇，朱洛巴人同地球人频繁发生血腥冲突，这些冲突给西藏的地球居民造成极其惨重的伤亡，"朱洛巴人驾驶着他们的飞船从云端俯冲下来，整个夜晚，直到太阳升起，土人男女老少接连十次躲进山洞，最后，人们终于理解朱洛巴人的信号，表示这次他们是来讲和并请求帮助的，因为他们的飞船被撞坏了"。朱洛巴人不得不降落于此，留在了地球上。

随着时间的推移，朱洛巴人和康巴人的生理发生退化。文明程度也随之降低，慢慢地沦为不开化的部落。

另外，在被视为圣地的山洞里，考古学家还发现了一些金属的残片，别小看这些金属片，通过金属残片的腐蚀程度断定，它们已有1.2万年的历史，而在西藏，使用金属是纪元以后的事情。

如果我们承认一切都是真实的并且曾经发生过，那么早在1.2万年以前，在西藏曾经生活着比当时人类文明先进得多的文明，事情果然如此吗？

战神之车之谜

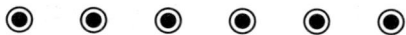

◉ ◉ ◉ ◉ ◉ ◉

　　高速飞行器械是现代人的发明吗？按照常识，这个问题的答案应该是肯定的。但是，考古学的发现却让我们对这个问题感到迷惑起来了。因为，考古发现，古人不但能够造飞行器械，还能造宇宙飞船。这究竟是怎么一回事呢？

　　近年来，人们根据印度古文献竟然仿造出了飞行速度达5700千米／小时的飞船！当然，从现代科技的角度去看，也许这并不算什么，但是，这份文献却是从一座倒塌的史前时代的庙宇地下室中发现的，它是一份以古代梵文木简写成的资料。而这种飞船就是大名鼎鼎的"战神之车"。

　　这份资料以6000行的篇幅，详细记载了"战神之车"飞船的构造、驱动方式、制造飞船的原料乃

至飞行员的训练与服装等众多细节。据记载，"战神之车"的飞行速度，如换算成现代计算单位应为每小时5700千米。事实上也的确是这样。

　　也就是说，当人类发明了火车、飞机、飞船并陶醉在自己的发明之中的时候，根本就没有想到，早在几千年前，这些看起来非常现代的工具就可能已经存在了，这真让科学家们尴尬了一回。

　　说起"战神之车"，还要从印度南部的古城甘吉布勒姆说起。这里有424座神庙，据说最多时曾达到1000座，这座城市也当之无愧地被称为"寺庙之城"。在这些神庙中，除了湿婆、毗湿奴、黑天、罗摩等众多古印度的神灵雕像外，还有一种飞船的雕塑。这种飞船被

雕成不同的样式，上面刻有众多神话人物，但它们有一个共同的名称——战神之车。据说这些飞船就是这些神话人物乘坐的坐骑。如此说来，这些神仙竟不是腾云驾雾，而是坐上了先进的飞船。看来，科幻片中的那些神秘的人物也不是无迹可寻的了。

研究者们发现，"战神之车"是一种多重结构的飞船，这种飞船装备了绝缘装置、电子装置、抽气装置、螺旋翼、避雷针，以及安装在飞船尾部的喷焰式发动机。文献中多次指明飞船呈金字塔形，顶端覆盖着透明的盖子。这些简直就像传说中的飞碟一样。

那份文献是1943年印度南部的迈索尔市梵语图书馆从一座倒塌的庙宇地下室中发现的。它的发现使得这些神话故事开始变得更加扑朔迷离，究竟这些人是神话人物还是真实人物？这种飞船是地球人所造还是外星人所造？一连串的问题开始冲击现代科学，科学家们也无法阻挡了。

奇怪的是，这份文献中还记载了驾驶方法，也就是说早在史前时代，在印度这个地方，就有了飞船和飞船驾驶员，这样看来，人类的科技真像魔鬼一样神奇。

当然，众多的事实已经证明，人类科技的发展是从当代和现代才开始的，那么，对古印度的飞船就只有一种解释看上去显得合理一点，那就是——这些飞船根本就不是人类所造。也许那时的人们看到了一个这样的飞船，而这个飞船却是外星人乘坐着到地球上来考察的，然后当地人根据这个也许被外星人废弃了的飞船仿造出了其他的飞船，那些外星人也便被他们当成了神仙一样供奉起来了。

不过，假如真是这样的话，文献中为什么不对这种事情做一下解释呢？看来，这也只能是推测罢了。

奇异的飞碟来访

◉ ◉ ◉ ◉ ◉ ◉ ◉ ◉

1947年7月3日的一个早晨，农场主布雷泽尔发现，在一个牧场上，散落着一些样子奇特的金属碎片。据他说，碎片用刀切不开，用火点不着。

布雷泽尔把碎片交给了郡警察局长，局长又转交给罗斯韦尔陆军航空基地的官员。第二天，布雷泽尔带领两名情报官员来到碎片散落的农场。他们用了整整一天时间捡拾这些碎块，然后带回罗斯韦尔。

马赛尔在把碎片交给基地司令威廉·H·布兰查德上校后，上校立即召见了基地的对外联络官、直接参与这次事件有限的几个人员之一的沃尔特·G·豪特中尉，并让其发一个新闻稿。

1947年7月8日上午10时30分左右，豪特把新闻稿送到当地的报社和电台。当天的《罗斯韦尔每日记录》就在头版刊出了醒目的大标题——"罗斯韦尔陆军航空兵在罗斯韦尔地区的农场捕获到飞碟"。之后，豪特马上陷入了应接世界各地电话的繁忙之中。

UFO的大量出现，不仅引起美国军方人士的高度重视，事实上世界许多国家的军政要人同样关心着UFO。鉴于此，联合国大会就天外不明飞行物访问地球一事举行了听证会。

1971年11月8日，在联大第一小组会议上，乌干达驻联合国大使宾古拉先生曾做如下发言：

"在不远的将来，当我们人类进入了宇宙与外星人进行接触时，完全有可能因为某些突发性事件而引起一场战争。这种危险性随时都

坠落在罗斯韦尔的飞碟

存在。这不仅仅是某一个大国的问题，它与全人类的命运密切相关。现在虽然很多国家的政府都对UFO持否定态度，但在美、英、法、苏以及其他一些国家的科学家中，的确有很多人认为UFO是其他星球飞往地球的宇宙飞船，他们因此而深感忧虑。我认为，UFO问题，应当成为联大的议题……"

1976年10月7日，在第31届联大会议上，格林纳达的哥利首相也对UFO的问题做过发言，他说："地球是人类共有的产物，知识也是人类共同的利益，因此，应当彼此分享。然而，在某国的档案库里，却隐藏着证明UFO存在的情报材料。尽管某国口口声声强调说由于军事上的原因需要保密，但实际上，它却是关系到地球以外宇宙其他星球是否存在生命的重大问题。不管这些问题有多么惊人、可怕，我相信，地球人类已经充分做好了接受它的思想准备。"

这里的"某国"显然是指美国。事实也确实如此，美国政府掌握着最能说明事实真相的、世人无从得知的、数以百计的关于UFO的档案材料。后来发现的事实充分证明了这一点。1978年，联合国第33届大会终于通过了格林纳达政府提出的有关UFO的决定草案，但它实际上却无法执行。

1977年9月21日，美国亚利桑那州菲尼克斯市的UFO研究团体GSW的成员，以"情报自由化法"

坠落在罗斯韦尔的飞碟

为依据起诉美国中央情报局。在审判中，由于GSW会长威廉斯波于先生、彼德翟凯尔先生以及纽约著名辩护律师彼得卡斯坦恩的共同努力，联邦法院终于在1978年9月宣布美国中央情报局败诉，并命令中央情报局公开有关UFO的绝密文件。

1978年，美国中央情报局公开了以往矢口否认的UFO绝密文件达935页！当然，中央情报局掌握的关于UFO的资料绝不止此数，那些涉及重大内容的UFO文件，至今仍处于绝密之中。

1978年底，在澳大利亚和新西兰上空常有不明飞行物出现，威灵顿空中交通调度也看到不明飞行物以异常快的速度在空中兜着圈子，时间长达3个小时。为了弄清事实真相，以墨尔本电台记者弗加梯为首的一个电视摄制小组，决心驾机拍摄飞碟照片。他们登上了一架平时往返于威灵顿和新西兰布莱海姆城之间，传送信函报纸的喷气式飞机。机长彼尔·斯达托波当飞机驾驶员已23年，几天前他在库克海峡上空看到过一群闪烁着强光的碟状

飞行物。现在他载着这个电视摄制小组飞往那儿，他们又看到了一群不明飞行物。32岁的记者弗加梯说："在我们前方50千米左右发现了一个光芒刺眼的白色火球，它的底部射出明亮的光，周身有几条橘黄色的圆环。"摄影师大卫·克莱特开始拍摄，他的妻子同时打开了音响录制设备。后来他们注意到，在这个大的不明飞行物四周，还有好几个小的飞行物，它们以不可思议的方式移动着，似乎被操纵着，但绝不是地球人。

斯达托波机长说："其中一个像巨额的灯球，普通飞机不会有那样的加速度。它离我们大约18千米。我们决定再靠近一些。它一会飞到我们上空，一会又飞到下面，后来以惊人的速度向远处飞去。"副驾驶员鲍勃·盖德补充说："我们观察这些飞行物大约有20分钟，似乎是在看频闪灯光。"

第二天早晨，这个电视摄制小组检查了所拍的画面。32岁的纪录片制片人伦纳德·李是电台新闻工作的领导人之一，他说："这段影片令我战栗，我们意识到我们获得

了绝对出众的素材，但是我们决定先不声张，直到影片编辑完成。"这段摄影胶片最后被编辑成可放7分钟的影片。影片显示，飞碟成串成簇，一共有25个物体，其中一个椭圆形物体带有三条带状物，其中最近的一个飞碟，如同一个巨大的光球。这些物体异常灵活，一会儿跑到飞机上，一会儿又到了飞机下面。影片还显示出其中一个物体像个圆顶，四周有三圈橘红色的明亮环状物。

影片在澳大利亚一播出，美国哥伦比亚广播公司就买下了该片在美国的放映权，英国广播公司也买下了拷贝。这部影片在许多国家电视台的新闻节目中放映，引起了人们极大的惊奇和兴趣。这是人类第一次获得职业摄影师拍摄的飞碟影片。

但是世界第一流的天体化学家，墨尔本的英那什大学化学系主任罗纳德·布朗教授却对影片持否定态度，坚持认为"它可能是一次流星陨石雨"。这可气坏了制片人伦纳德·李，他决定带着这部影片到美国请求UFO专家的帮助。

伦纳德·李把影片放进手提箱中，把箱子仔细铅封，再用手绢把手提箱拴在手腕上。

他于1979年1月到达美国，找到了美国空中现象调查委员会的高级官员、海军物理学家布鲁斯·麦克尔比博士。博士同意一个镜头、一个镜头地研究这部影片。麦克尔比博士说："这部影片的存在对我来说至关重要，有无数个组织机构欢呼雀跃着想看看这部影片。我们终止了其他任何研究工作，来着手这部影片的研究，因为这是人类迄今为止获得的第一手详细影像资料，值得我们花大力气去研究。"

博士花费了数周的时间，倾注了全部心血来研究这部影片，用电子计算机检查了影片中的某些镜头。在影片中，他看到了一个精确的闪光三角形，估计有一间房子那么大；另一个镜头显示了一个碟形物，其圆形拱顶以惊人的速度飞行。麦克尔比博士认为："计算机研究无可争议地展示出这些形象不可能是流星陨落，也不可能来自地面和海洋。"

麦克尔比博士还秘密飞往新西

兰访问了那些目击者，还听取了斯达托波机长和空中调度之间的联络录音。那天晚上，调度员在屏幕上发现了这些不明飞行物，他们曾向斯达托波机长询问此事，他们之间的谈话都录了音。

经过充分的研究和调查，麦克尔比博士终于郑重地宣布了结论："这部影片和访问目击者的记录是UFO研究迈出的重要一步。"美国核物理研究专家和美国空中现象调查委员会的另一位高级官员斯坦顿·弗尔德曼补充说："我们正在接触的是一起真正的不明飞行物事件。使这次发现变得如此重要的不仅仅是这部影片，而且还有那些有效的附加证据。几乎没有任何关于UFO的报告会引起如此高度的重视，研究的数量和质量给人留下了深刻印象。"

神奇的透视蓝光

◉ ◉ ◉ ◉ ◉ ◉ ◉

1973年5月22日早上3点，41岁的巴比罗开着车子回家。他是巴西圣保罗州公众图书馆馆员，是有两个女儿的爸爸。那天的天气很不好，下着雨。他以每小时90千米的速度驾车行驶着。为了减少路上的寂寞，他打开了收音机。当汽车接近一个小山坡的时候，收音机突然没有了声音。他开开关关地调试着收音机，就在同时，车子引擎的响声慢了下来。巴比罗立即换成了二档，想增加马力。

就在这时，他突然看见车子里有一束明亮的圆形蓝光，直径大约有20厘米。这个奇怪的"光"在慢慢地移动，掠过他的工具箱、座位、一个锁着的手提箱（里面有私人文件）、车顶和他的双腿。当这"光"掠过工具箱上面时，巴

比罗居然可以透过蓝光看到驾驶室隔开的引擎。巴比罗十分疑惑："为什么月亮有这样奇怪的光学能力呢？"他想起来了，车外正下着雨，而且天空乌云密布，哪里有月亮？

当他这样想的时候，突然发现有一道明亮的蓝光，从他正要上去的山岗照向他。光源看来迅速地接近他，越来越明亮。他以为是一辆货车，正在迎面驶来，赶紧把车子开到路旁，开亮车灯，以免相撞。然而，这辆"货车"却不顾一切地继续向他接近。为防止意外，他急忙摘下眼镜，俯身在车子里，双手抱住了头。

他这样在车子里待了一会儿，发觉这辆"货车"并没有经过，就爬了起来。就在这时，他突然看见

在车外约15米远的地方悬着一个离地面10米左右的物体。巴比罗认为，这一定是一架要降落的直升机。他开始感到闷热和窒息。他想透一下气，于是就开了车门走到车外，但外面还是同样的闷热，令人窒息。

他抬头往上看，听到一阵嗡嗡的声音。这个时候，巴比罗才恍然大悟，他看到的不是一架直升机，而是一个从来没有见过的奇怪物体。这个物体看起来像个两面隆起的盘子，大约有7.5米厚，11米宽，其表面呈黑灰色。巴比罗无法更详细地看清楚它。"盘子"的内部异常明亮，但却看不到光源。

巴比罗仍然感到闷热和窒息。他发现有一个"透明的布幕"慢慢地由右至左，把物体包围了起来，当完全包住后，闷热和缺乏空气的感觉消失了。与此同时，他看见有一根"管子"从物体底部伸向地面。

巴比罗突然意识到自己可能有危险，就惊慌失措地跑向树林。他急急地奔跑着，足足跑了30米远。这时他觉得有东西在抓他的背，像有个"橡皮套索"围困着他。他奋

力挥动着手臂，竭力想挣脱抓着他的东西。但背后并没有什么东西。

巴比罗转过身来，看到背后的车子。那个奇怪的物体还在，有一道"蓝管子似的光柱"从物体底部的边缘射出来，直径大约有20厘米。当这道蓝光碰到他的车子时，怪事发生了，他能看到引擎、座椅和整个车子的内部。他绞尽脑汁也无法理解所看到的现场。由于心情极度紧张，他昏倒了。

一小时后，两个年轻人驾车从那里经过，发现巴比罗脸朝下趴在雨地里，他的车子开着前灯，右前门敞开着。想到可能是谋杀案，这两个年轻人赶到警察局，报告了他们的发现。

警察到达现场，发现巴比罗仍然无知觉地躺在雨里。他们发现一张巴西北部公路地图落在车前地上，在车内，巴比罗的手提箱被打开，里面的支票、相片、公文等散落在整个车内，巴比罗身上没有任何伤痕。他们把他翻过身来，巴比罗才逐渐苏醒。

当他镇静下来后，将发生的事情告诉了警察，并确认地图、支票、

公文和照片等本来是锁在手提箱里的，而钥匙一直在他的口袋里。没有任何东西被偷，他的车子也完好无损。

当天下午，巴比罗在医院时，感到后背及臀部轻微发痒。第二天，发痒的地方皮肤开始出现不规则、无痛楚的蓝紫色斑点，在臀部地方的斑点更大而且更明显。不久，这些斑点变成黄色，很像瘀伤。

医学博士在进行了认真的检查之后，肯定巴比罗的心理状态和环境适应力都很正常。经过一系列的化验和分析，在斑点上找不到任何异物，脑电图也很正常。后来，两个催眠组织对巴比罗进行了催眠实验，让他在催眠状态下叙述发生的事情。实验的结果肯定了这个奇怪事件的真实性。

看来宇宙人对人类并没有什么恶意，而是像人类一样，具有探知一切的好奇心。他们掌握的一些手段，如透视的蓝光，是人类所没有掌握的。

地球人是孤独的吗

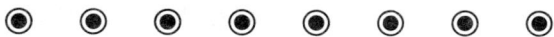

◎ ◎ ◎ ◎ ◎ ◎ ◎ ◎

除了地球之外，还有别的适合生命存在的文明星球吗？地球上的人类是宇宙中独一无二的吗？千百年来，这一直是人类苦苦探索的问题。在思考地球以外的生物世界时，人们编出种种动人的神话，例如，在中国有玉皇大帝、王母娘娘，还有月宫蟾蜍、玉兔、吴刚和嫦娥仙子等传说；在西方则有天上诸神之王宙斯及天后赫拉、太阳神阿波罗等神话。

15世纪时，欧洲的文艺复兴运动引起了人们宇宙观的大革命。波兰天文学家哥白尼提出的日心说，极大地动摇了延续一千四百多年的地心说宇宙体系。哥白尼学说的主要传播者之一的意大利思想家布鲁诺，毫不含糊地宣扬日心说，结果竟被宗教裁判所活活烧死在罗马的百花广场上。关于"外星人"是否存在问题，布鲁诺曾这样写道："（宇宙中）存在着无数的太阳，存在着无数绕自己太阳运转的地球，就像我们的七个行星绕着我们的太阳运转似的……在这些世界上居住着各种生物。"17世纪初，意大利科学家伽利略，首先把望远镜应用于天文观测，从此结束了人类肉眼观天的时代。他通过望远镜看到了月球上的高山、深谷和平原，发现金星也有类似月亮的圆缺现象，发现了木星的四颗卫星、太阳黑子等等。他的一系列天文发现，启发了他同时代人的想象力。由此，人们自然地就想到这样一个问题：行星既然是一些在很多方面与地球相似的天体，那么，月球、金星、火星等天体是否也有像人类一样的智慧生命呢？

从19世纪以来，世界各地不断地出现目击不明飞行物（英文缩写为UFO）的报道或传闻，特别是20世纪50年代开始的空间科学时代以来，"UFO""飞碟""外星人"的目击事件与日俱增。在一些报道中，UFO像是"幽灵"一样出没于地球的空域。随着宇宙科学的发展，人们越来越关切，在茫茫的大宇宙中，除了地球人之外，究竟有没有"外星人"，或者说，是否存在地外智慧生命？如果说"有"，他（她）们究竟是什么模样？生活在宇宙的何方？地球人应怎样寻找他（她）们？对于UFO及飞碟现象，相信的人夸夸其谈，口若悬河，不信的人则不屑一顾。在20世纪70年代，全世界出现UFO、飞碟热方兴未艾的同时，许多国家都建立了各种UFO研究组织（大部分是民间组织）。1978年11月27日，联合国第33届大会特别政治委员会通过了一个议程："大会要求各有关成员国采取适当措施，在国家一级协调对地外生命，包括不明飞行物的科学研究和调查，并把观测情况及对这些活动的研究估价通知秘书长。"请秘书长"将有关材料转交和平利用外层空间委员会。"中国政府对此项议程投了赞成票。我国于1979年9月，成立了一个民间社团——"中国UFO爱好者联络处"，后更名为"中国UFO研究会"，在全国有四十多个分支机构。此后不久，国内唯一的UFO刊物《飞碟探索》杂志创刊发行（甘肃科学技术出版社出版）。

随着探索的深入，人们关于地外生命的想法似乎变得越来越具体了。在人类文化历史上，不管是唯物主义还是唯心主义者，都有人认为地球绝非智慧生命唯一的栖息地。

地球人的未来形态之谜

从地球人被外星人绑架的事例中，人们产生了种种猜想，提出了种种假说。与其注意"体验"的细节，不如对"被绑架者"的共同要素作深刻的研究，从这里开始探寻科学的可能性。最重要的一点是所有"被绑架者"都曾经面对过不少外星人，这是他们的"记忆"的共同特征。外星人大致可被分为两类，小人型和巨人型。

以人类学的观点来看，这两种类型都可能是我们人类未来发展的方向。比如小人型，他们那巨大的头和贫弱的体形，如果我们的子孙今后智能越来越发达，注重精神生活，单纯的劳动由机械人替代，那么未来人类的头越来越大而身体却越来越小，也许真会发展成那副模样。

另一方面，巨人型的大头和向上翘的下颚也暗示了智能的发达。高大的身体就如同人类中的运动员的体魄，文明化的过程中，身体与精神同时得到了锻炼。人类的平均身高，比起原始时代的人类，已经大大增加了。如果重视肉体健康和精神的话，人类长得更高完全是可能的。如果这样的推测能够成立的话，其中似乎还隐藏着某些重大的含义。

外星人是宇宙中具有知性的生物，他们都是碳素生物，这一现象强烈地暗示了他们可能属于"人类型"的一种宇宙生物。那样的话，宇宙中普遍存在以碳素为主要成分的有机物。这些证据正在不断地被发现。知性生物为什么以人类型的形式出现比较合理，已经有了不少研究论证。

20世纪不明飞行物之谜

1.不明飞行物

1878年1月的一个夜晚，当约翰·马丁在得克萨斯州丹尼逊地区以南6英里处打猎时，他突然看见在南方的天空上有一个快速移动的物体。当它飞过头顶时，马丁注意到那看上去就像一个"大碟子"。此后，特别是在20世纪下半叶，许多人都报告说看到过类似的物体。1947年6月24日，飞行员肯尼思·阿诺德发现在华盛顿州蒙特雷尼尔地区上空有9个碟状物体以1200英里的时速编队飞行。从此，"飞碟"成了人们想象和描述此类物体的专有名词。在接受当地一份报纸记者采访中，阿诺德把它们的运动比作在水面上打水漂时的石头。不久以后，这份报纸使用"飞碟"来描述阿诺德所看见的物体。

"飞碟"时代开始了。直到20世纪50年代中期，另一个美国空军飞行员发明了"不明飞行物"这个词，英文缩写为UFO。

但是，早在1947年以前人们就目击过类似马丁报告的飞碟和不明飞行物，只不过描述不同罢了。例如，从1896年11月至1897年5月，美国各地的报纸上都充满了关于奇异的"飞船"的报道。那些飞船常常被说成是雪茄的形状，开着明亮的探照灯。有些人甚至因此联想起来自火星的不速之客。19世纪早期的科学报刊上也能找到几篇关于不明飞行物的报道，但更早以前就几乎没有了。不管什么原因，目睹不明飞行物似乎只是最近的一种现象。

2.富式战斗机和幽灵火箭

第二次世界大战期间，盟军

飞行员在欧洲和太平洋上空都目击到了许多不明飞行物，他们称之为"富式战斗机"，并且认为是敌人的装置。

1946年间，欧洲北部上空常常出现"幽灵火箭"，那些急于找出解释的人便错误地指责苏联是罪魁祸首。

3."迹象计划"

1947年12月30日，美国空军开始对不明飞行物报告进行代号为"迹象计划"的研究。这项研究归属于俄亥俄州代顿地区的空军物资指挥部（即后来的赖特−帕特森空军基地）领导。普通的目击一般由当地的空军基地处理，"迹象计划"只调查那些被认为是重要的或是非同寻常的目击。

第一宗调查的案件发生在1948年1月7日。肯塔基州国家空军警卫队飞行员小托马斯·曼特尔上尉死于坠机事故。他死前的无线电通信表明，他曾试图探查某个"巨大的金属物体"。联想到海军当时机密的"空中钓鱼计划"，空军最后判定该"物体"是一个与该计划有关的气球。

两名东线飞行员1948年递交的一份报告更让人头痛。克拉伦斯·奇利斯和约翰·惠德7月24日凌晨2点45分在亚拉巴马州上空驾驶DC−3飞机时，看见了一个没有导线的鱼雷状物体飞驰而过。奇利斯报告说，那个物体有两排方形的窗子，里面"闪烁着强光"，而底部则"散发着蓝光"，尾部拖着长达50英尺的火焰。尽管这个不明飞行物只出现了不到10秒钟，飞机上的一位乘客也看见了。"迹象计划"的调查人员也得知，佐治亚州罗宾斯空军基地的一名地勤人员一小时前也目睹了同一物体。更奇怪的是，4天前在荷兰海牙地区上空人们也看见了有两排窗子的火箭状飞行物。

这次目击之后，"迹象计划"的调查员分成了几派，不同的派别对于不明飞行物有不同的看法。一派认为这些物体是来自其他世界的航天器，另一派认为它们是苏联的秘密武器，还有其他派别一些人认为它们只是难以辨别的普通物体。在克拉伦斯·奇利斯和约翰·惠德目击事件中，上述的第一派调查员的意见占了上风。其原因是一份认为不明飞行物证实是来自其他世界的造访者的绝密报告，被送到了空军参谋长霍伊特·范登堡将军手中。范登堡将军不同意这一结论，并下令销毁该报告的所有副本。这份文件直到1956年仍没有公开。后来一个退役的空军不明飞行物研究计划官员爱德华·鲁皮特，在一本书中讲述了文件背后的故事。尽管其他一些消息来源印证了鲁皮特的说法，但多年以来空军一直否认这份报告曾经存在。

4.怨离计划

范登堡拒绝"迹象计划"的结论，向调查员们传达了明显的信息，于是那些相信有可能存在外星造访者的人，或是主动离开空军或者被另外分配了其他任务。1949年2月11日，"怨离计划"取代了"迹象计划"。此后绝大部分关于不明飞行物的调查都只是去"揭穿真相"——说明目击及其报告反映的事情没有什么特别的，实际上只是视觉扭曲或错误而已。1949年底，该计划的行政主管把所有的文件都封存进了储藏室，而到了1950

年夏天，整个计划中只剩下了一名调查员。

5."蓝本计划"

1951年9月，"怨离计划"对于发生在新泽西州福特芒茂斯地区的一系列快速移动的不明飞行物的调查很不得力，于是空军高级官员提出重组该计划。1952年，"蓝本计划"取代了"怨离计划"。领导人是在赖特－帕特森空军基地的空中技术情报中心的鲁皮特中尉。

鲁皮特坚持说他的手下对于不明飞行物是否存在开始时没有任何成见。当鲁皮特两年后离开该计划的时候，几乎完全相信外星访问者确实存在。1956年，他根据自己的经历出版了名为《不明飞行物报告》的回忆录，这被认为是不明飞行物研究学说中最重要的著作之一。鲁皮特离开后，研究计划又回到了过去的模式："揭穿真相"而不是调查。1952年在首都华盛顿上空出现一系列异乎寻常的不明飞行物的雷达探测和肉眼目击事件就是这样。政府情报官员担心苏联可能利用这类事件引发美国国内的恐慌，于是他们成立了一个由五位科学家组成的小组，秘密研究"蓝本计划"所收集的数据，并制定相关的安全战略。

6. 罗伯逊小组

成立后的4天里，五位科学家研究了几个目击报告和两段关于不明飞行物的胶片，然后宣布官方的进一步研究无异于"大量浪费精力"。以组长、中央情报局雇员、物理学家罗伯逊的姓氏命名的这个小组，还呼吁开展公众"揭穿真相"的运动，它"旨在降低公众对于'飞碟'的兴趣"。此外，它敦促当局"监视"那些由普通公民组成的不明飞行物研究团体，"因为它们对于大众的思维具有潜在的巨大影响"，并指出"应该牢记这些团体有可能被利用进行颠覆活动"。

尽管多年来罗伯逊小组及其建议一直是个秘密，但是他们对于不明飞行物研究过程无疑具有巨大的影响。空军几乎立即减少了对"蓝本计划"的拨款和重视，该计划也不再注意目击事件。曾参加"蓝本计划"会议的空军首席科学顾问艾伦·海尼克为此抱怨道："罗伯逊小组使得不明飞行物从科学上变得

不可接受，在将近20年的时间里，我们没有给予这个问题足够的关注，以至于未能获得决定不明飞行物现象本质所需的必要数据。"

7. 空军忽视自己的思想库

1955年出版的《蓝本计划第14号特别报告》，是一个类似的官方掩饰行为。该报告包括了战争纪念研究所的3年研究成果。空军要求作为思想库的战争纪念研究所就不明飞行物提供该研究报告。这项名为"鹳鹤计划"的研究的结论是不明飞行物为异常现象，但确实存在。这可不是空军希望听到的！于是该报告的数据被大量篡改，空军部长唐纳德·夸尔斯借此宣布："根据这项研究，我们相信从未有像人们广泛描述的飞碟状物体在美国上空飞过。"

由于空军似乎总是拒绝考虑不明飞行物存在的可能性，并且常常编造解释，因此，许多人担心这种所谓的"揭穿真相"，实际上为的是掩饰真正的担忧。海军陆战队退役少校唐纳德·基候声称，也许空军很清楚外星访问者的真相，但是担心一旦承认，势必导致世界范围

的恐慌。

"蓝本计划"的不可信性，最终招致了新闻界媒体的讥讽和国会议员的批评。1966年4月，海尼克在众议院武装部队委员会作证时，敦促成立一个与政府没有瓜葛的物理学家和社会学家组成的小组，目的是为了"实事求是地审查不明飞行物问题，以明确是否确实存在不明飞行物这一重大问题"。

此时，空军急于将不明飞行物目击问题脱手，于是要求科罗拉多大学进行独立的科学研究。这个以主持研究的物理学家爱德华·康登的姓氏来命名的康登委员会，其实是另一个精心策划的掩饰。康登本人不接受不明飞行物的观点，并且开除了所有与他意见相左的调查人员。后来一个被解雇的调查员的著作和一篇《瞧》杂志上的文章都揭露说，该委员会的努力如同此前空军所做的一样贫乏无力，为的是掩人耳目。

康登委员会1966年出版了题为《不明飞行物的科学研究》的报告。果然不出所料，这个报告认为"对不明飞行物做进一步科学研究

可能无法证明，这样做将有助于推动科学的发展"。

不过报告也承认即使经过深入的研究，足有三分之一的案件也是无法解释的。正如《蓝本计划第14号特别报告》一样，这份报告的结论也不是得自报告中的数据。不管怎样，空军终于得到了结束"蓝本计划"所需的借口。1969年12月17日，"蓝本计划"正式终止。

9.不明飞行物目击的类型

世界各地均有关于目击不明飞行物的报告，但各国都差不多，通常报告的不明飞行物形状都是碟状或雪茄状的，最近也有报告是三角形的。很少一部分目击的只是夜空中的亮点。这些亮点常常被解释为普遍现象——金星、流星或是路过的飞机，但是有时这些普遍现象是无论如何都无法解释某些奇怪的亮光。

海尼克在1972年出版的《不明飞行物经历》一书中，将所有报告分成以下几个大类：夜晚看见的亮光；白天看见的碟子；雷达、肉眼目击；第一类近距离接触（目击证人距离不明飞行物500英尺以

内）；第二类近距离接触（不明飞行物对环境造成了实际影响）；第三类近距离接触（目击不明飞行物同时也目击了某种生命形式）。

不明飞行物存在的最佳证据是雷达、肉眼目击和第二类近距离接触。1956年8月13日和14日，在英国皇家空军和美国空军共同使用的两个英国基地，发生了一起属于第一类的安全接触。高速飞行的不明物体同时被空中和地面雷达跟踪，地面人员和空中的飞行员也都有目击。1981年1月8日，在法国普罗旺斯地区发生了一起证明不明飞行物着陆的最佳第二类近距离安全接触。一个老人报告说当他在花园里干活时，看见了"一艘像两只倒扣着又靠着的碟子的船"着陆。该物体在地面上停留了一会儿才飞走。

着陆地点处有大型交通工具留下的轨迹和印子。于是法国官方的不明飞行物调查机构的"不明飞行物现象研究小组"开始了详细的调查，把土壤、树叶和植物的取样，送往法国最好的植物实验室检验。1983年，"不明飞行物现象研究组"就上述检验发表了长达66页

的调查报告，指出送检树叶神秘地失去了30%～50%的叶绿素，其迅速衰减的方式也无法在实验室重演。研究结论是案发地点因受到了"大量的、机械的和加热作用，以及可能某些微量矿物质（磷酸盐和锌）出现了转化和堆积"而发生了改变。这使得科学家们相信"确实有类似目击者描述的物体曾降临此处"。

第三类近距离接触通常是最离奇的不明飞行物故事，也最容易引起公众的共鸣。但对于许多研究不明飞行物的学者而言，它们也是最难以接受的。在大多数情况下，目击证人——不管是单独证人还是群体证人——似乎都是真实可信的，对他们的心理测验也显示他们思维正常。第三类近距离接触包括短暂目击类人生物（几乎所有第三类近距离接触都报告说看见类人生物）和绑架事件，即目击者被不明飞行物强行带走，外星人在他们身上进行各种奇怪的实验。

最离奇的一宗第三类近距离接触案例发生在巴布亚新几内亚的波依阿纳。1959年6月26日和27

日夜晚，来自澳大利亚圣公会的传教士吉尔神父同其他三十多位目击证人一道看见一个盘旋的不明飞行物里有闪闪发光的类人生物。吉尔认为它们"正忙于从事某种未知的工作"。27日第二次目击时，他和其他人一道向这些类人生物挥手致意，它们竟然也挥手回礼。

9.不明飞行物的玩笑和接触

许多人认为有关不明飞行物的报告是恶作剧和玩笑。实际上，绝大部分不明飞行物目击者是诚实的，开玩笑的情况实在很少。即使空军也发现只有百分之一的报告存在着恶作剧的成分，而它们当中主要是伪造相片，因为相片比较容易伪造。当然，开玩笑的情况确实也有。

例如，肯尼思·阿诺德1947年目击"飞碟"后几天，华盛顿州塔科马地区的两个人向公众展示了一些熔化的金属。他们声称那是在附近毛里岛上空盘旋的"飞行面包圈"上掉下来的。恰巧在调查这件案件的过程中，两名陆军航空兵军官死于一场坠机事故。于是流言不胫而走，说他们知道得太多因此被谋杀了。然而这两人的故事最终被证明是一个无法收场的玩笑。从20世纪50年代以来，不断有主要来自南加利福尼亚州的形形色色的人物宣称他们同来自金星、火星、土星或其他行星的造访者有过接触。这些"接触者"中的许多人，都讲述了宇宙旅行和同外星人或"宇宙兄弟"见面的故事。作为证据，他们同时展示了清楚得出奇的宇宙飞船的特写照片和故意虚化的"宇宙兄弟"的相片。

最著名的接触者是乔治·亚当斯基。他的历险始于1952年11月20日。据他报告说，当时他在加利福尼亚州沙漠中，见到了来自金星的访问者奥松。其他的一些人也声称碰到过，并通过写书和做报告来讲述他们的经历，吸引了众多对不明飞行物中奇异的、不可思议的外星生物相貌极其着迷的追随者。尽管接触者的故事常常被揭穿，成为令人难堪的谎言，但是相信他们故事的人却始终坚持自己的信念。

事实上，大部分接触者们都不是恶作剧者，他们中许多人相信哪怕没有身体接触，自己也同外星人进行了心理的或是精神的接触。心理接触者们没有提供见面"证据"的压力，但他们却以某种强烈的、甚至令人震惊的方式表示了他们的信念。例如，格洛丽亚·李在来自木星的朋友的授意下匆匆自杀身亡。另有，伊利诺伊州橡树园的多罗茜·马丁通过自动书写（似乎由外太空力量指挥的不用思考的书写）的方式收到宇宙人萨南达的消息，警告她1954年12月20日会发生可怕的地质灾难。她和她的追随者们向报社发出了警报，辞去了他们的工作，计划在可怕的那一天乘太空船逃离。当飞碟最终未能出现时，马丁一伙人让全世界都笑掉了大牙。

10.关于不明飞行物的理论

到20世纪60年代中期为止，关于不明飞行物有两种主要的解释：一种认为不明飞行物是恶作剧或者错误判定。另一种认为它们是来自另外世界的太空部。持第一种理论的代表人物是哈佛大学天文学家唐纳德·门泽尔；第二种理论的主要支持者是飞机题材作家唐纳德·基侯。两人分别著书和发表文章，宣传各自的立场并均赢得了科学界、政府和军方的强有力支持。

到了20世纪末，一些不明飞行物学家开始考虑对不明飞行物事件作新的解释。他们开始相信解开这个谜的关键在于那些最古怪的报告。传统的不明飞行物学家着重于对可信度、记录文件和证据考虑，过去这些报告往往被讥笑或忽视。还有些不明飞行物学家开始认识到，那些接触故事并没有涉及来自其他行星的活生生的造访者，它们只是出现在证人的想象中。也许接触的经历通常只是栩栩如生的梦；也许外星人绑架案不过是从前"神仙绑架"故事在今天太空时代的翻版。在不明飞行物研究领域，特别是在欧洲，这种认为不明飞行物经历其实是"社会心理"的解释，逐渐成了主流。

11.坠机和掩饰

然而对不明飞行物的社会心理研究在美国却未能持续太久。其中一个原因是《信息自由法》的出台，20世纪70年代后期，许多政府曾经保密的不明飞行物报告被公开了出来。许多著名的雷达、肉眼目击案例的解密，使传统的不明飞行物学家为之一振。这些新发现再次激起了对政府涉嫌对不明飞行物进行掩饰的怀疑。

基侯和其他怀疑政府有意隐瞒的人认为，空军仍然隐藏了一些雷达跟踪报告、胶片和曾与不明飞行物进行过接触的飞行员的证词。有些人甚至认为，空军还可能隐藏了宇宙来访者的更为强有力的证据，比如，坠毁的飞碟的遗骸和其中的驾驶员的遗体。由于没有现存的证据来支持这些怀疑，这些故事是无法成立的。从20世纪70年代后期开始，不明飞行物学家列昂纳德·斯特林菲尔德开始收集报告，采访那些声称了解第一手此类证据的人。

另外两个不明飞行物学家斯坦顿·弗里德曼和威廉·摩尔集中研究一起特殊的事件，即1947年7月初在新墨西哥州的林肯郡可能发生了的不明飞行物坠毁事件。他们采访了三十多个直接涉及此事的人，并同五十多个间接涉及此事的人进行了交谈。几年后，坐落在芝加哥的艾伦·海尼克不明飞行物研究中心也开展了自己的研究，下至地区机构，上至空军将军，总共调查了400多个消息来源。

这起"罗斯韦尔事件"（以位于新墨西哥州罗斯韦尔地区的空军第一个调查基地命名）记录翔实，确实令人费解。不出他们所料，有时弗里德曼和摩尔所采访到的故事听上去确实太过神乎其神。比如，有的故事不仅讲述了飞船坠毁，还有外星人同美国政府官员之间的会面。一个同事件密切相关的调查员说，某些军方和情报机构的内部人员曾许诺，向他提供"整整一卡车的记录文件"以证明他们故事的可信性，但最终只提供了少量文件。最令人吃惊的文件装在一封1984年12月寄来的却没有寄出地址的信封里。

在那个信封里有一卷35毫米胶片，冲洗出来后展现了1952年11月18日向总统呈交的简要报告的一部分。看上去那像是海军中将罗斯科·希论科特告诉当选总统德怀特·艾森豪威尔两起不明飞行物坠毁事件。一起1947年发生在罗斯韦尔，另一起1950年发生在得克萨斯州和墨西哥边界。它还提到了"魔术-12行动"：一次由科学家、军方和情报机构共同组织的对飞船遗骸和太空生物进行研究的行动。这种太空生物被称为"外星生物实体"，简称BBE。

12.不明飞行物学说的未来

近年来，越来越多的社会学家和精神保健专业人士对不明飞行物的研究产生了兴趣。他们特别着迷于正常人所报告的被不明飞行物绑架的事件。这些专业人士急于知道这类经历究竟源自个人的臆想，还是确实来自外部实际存在的世界。

13.不明飞船

有关不明飞船的报告可以追溯到19世纪末、20世纪初，此后在20世纪40年代，不明飞行物现象盛行一时。我们所知的第一篇关于"飞船"的发表文章刊登在1880年3月29日出版的《新墨西哥圣菲周报》上。该报报道说，在3月26日晚，加利斯蒂欧村的目击者们看到一个"巨大的气球"掠过头顶，而且还听见上面乘客发出欢呼声。从这个物体上扔下了几个奇怪的东西：一些"非常特殊的手工艺品"和一朵"散发着香味的鲜花，上面系着一

条纤细的丝质字条，字条上的文字如同日本茶具上的一样"。次日晚间，一位美籍华裔访客说字条上记载的是他的女友捎来的消息。她是飞船上的一名乘客，当时正飞往纽约。

像19世纪末报纸上刊登的许多其他飞船故事一样，我们几乎可以肯定这则故事说的都是大话。当时的美国报纸倾向于把飞船目击作为玩笑，事实上许多都是编造的。此前，显得更加可信的故事都是在美国和其他国家炮制的。如果这些目击发生在几十年后的20世纪下半叶，人们一定会把这些奇怪的飞船当作不明飞行物的。事实上，直到今天仍有人目击到类似飞船的物体——其形状像雪茄，两边有多彩的灯光，而且开着探照灯。

1892年，在德国和俄罗斯占领的波兰边界出现了一起令人震惊的飞船报告。如同后来的飞船恐惧症那样，人们认为德国已经发明了能够逆风飞行（气球是不能顶风飞的）、能够长时间盘旋的飞机。当时并不存在这种飞机，即使是1896年加利福尼亚州出现飞船恐惧症时

也还没有这种飞机。

（14）加利福尼亚飞船恐惧症

从1896年11月中旬起，加利福尼亚州城乡两地均有许多人报告说，晚上看见了快速移动或静止的光亮，可能与飞船有关。11月22日的《圣弗朗西斯科号令报》上，登载了一则白天目击者的报道：一个连续移动的"气球""底部闪烁着灯光，腹部前后两端均有类似翅膀的东西"。12月1日的《奥克兰先驱报》也报道说，有人目击了"一个长达100英尺以上的长着鱼尾的巨大的黑色'雪茄'"，它的表面"看上去像是铝制的"。在其他的案例中，目击者们报告的飞船还有螺旋桨。

这一次，报界关注的是圣弗朗西斯科的一个名叫乔治·科林斯的律师。他声称自己不仅是飞船发明者的代表律师，而且亲自见过那艘神奇的飞船，不过后来他对此都否认了。谣传发明者是来自缅因州的牙医本杰明，他喜欢摆弄机器。尽管本杰明坚持说自己的"发明只与牙科有关"，有些人还是不相信他。最终本杰明被烦得只好逃之

天天。记者甚至闯入他的诊所寻找证据，但只找到一些补牙用的填充物。

后来，根据《奥克兰先驱报》上的一篇文章，加利福尼亚州前总检察长哈特声称，自己将担任神秘飞船发明者的代表律师。他还说科林斯由于口风不紧已被辞退。但是事实证明哈特本人更为饶舌，因为他竟然说实际存在两艘飞船，并将被用于轰炸位于古巴的哈瓦那的西班牙军港。当受到初始证据的压力时，哈特像科林斯一样食言，承认自己并未亲眼见过发明物，只见过自己声称是发明家的某人。

加利福尼亚飞船恐惧症很快就消散了。但是1897年2月，内布拉斯加州的报纸又开始报，道有人在乡村地区目击了以"极高的速度"移动的光亮。据2月6日的《奥马哈每日蜜蜂报》报道，2月4日在依纳威尔村目击证人们从近距离目击了发出光亮的物体。那是一个长30～40英尺的圆锥体，"一侧有两个翅膀，还有一个扇形的舵"。之后的几个星期里，在内布拉斯加州和相邻的堪萨斯州像一阵风似的出

现了许多目击事件。到了4月初，飞船似乎一会儿转向东、一会儿转向北、一会儿又转向南，总之该月份的报纸上充满了目击、谣言和吹牛的大话。

15.更多的恶作剧

如同加利福尼亚州出现的情形，这些值得怀疑的许多故事都把焦点放在了神秘的发明者身上。有的描述指出飞船曾经着陆过，作为飞船上乘客的普通美国人，甚至向目击人表明了自己的身份，并讲述了自己的旅行计划。这些同空中旅行者的"交谈"，在报纸上刊登的故事里被逐字逐句地写了出来。尽管有人把它们当成严肃的新闻，实际上这些描述几乎完全是由那些富于想象的作者提供的。

其他的恶作剧都想说明的一点是这些神秘的飞船来自外太空。堪萨斯州伊地区的一个牧民发誓说，他的儿子和他的雇用工看见飞船上外形奇怪的生物用绳索套住并偷走了他家屋外畜栏里的一头小牛。尽管这个大话引起了广泛的关注（20世纪60年代的不明飞行物文学再次发掘并出版了这个故事），但是最

终人们发现那是该牧民和他所在的谎言俱乐部的哥们共同制造的恶作剧。

与此类似的是，1897年4月19日的《达拉斯晨报》，刊登了得克萨斯州奥罗拉村的一个关于当地发生飞船坠毁事故、飞船上的唯一乘客——一个火星人——被埋葬在当地公墓的报道。尽管这也是一个编造的玩笑，但20世纪六七十年代对此又进行的老调重弹，还是吸引了几个扛着铁锹的搜寻者来到了这个即将消失的小村庄。

但是在这些玩笑中，还是有一些关于有翼或无翼的雪茄形状物体及夜间目击亮光的真实报道。也许在这些大话和愚蠢背后，充满各种不明飞行物的现代潮流正在兴起。

16.发生在20世纪的目击事件

尽管到1897年5月，目击恐慌症才逐步偃旗息鼓，但是关于飞船的报告一直写入了20世纪。例如，1900年夏天，威斯康星州里首布尔格地区的两个年轻人就看见了夜空中有巨大的软式飞船盘旋。当它掠过一片树林上空时，尽管当夜很平静，但树枝仿佛被一阵强风吹弯

了。1901年3月15日，新墨西哥州的《银城企业报》甚至报道说，当地的一个医生拍摄到了一艘飞船的清晰照片，只不过照片丢了。

1901年，在英国、美国、新西兰和澳大利亚，都掀起了一轮目击飞船的浪潮。在英国，目击始于3月。目击的大部分飞船都是鱼雷状的、速度很快、亮着闪烁灯和探照灯；这使人们重新产生了类似15年前发生在东欧、仍未解决的对德国高空间谍的恐惧。在美国，这一轮新的飞船目击使人们怀疑起秘密的发明者。

新西兰的目击浪潮在1901年7月首先开始于南岛南部，然后向北部蔓延。同其他飞船恐惧症一样，一些目击证人声称他们见到的飞船里有长得像人的生物。有一起案件据说发生在8月3日，一个外帕瓦地区的居民报告说，飞船上的一名乘客曾用一种听不懂的语言向他喊话。

在另一起报告中，一个船夫说他受到飞船发射的"导弹"的攻击，幸亏只击中了水面。同年8月，澳大利亚也出现了少数几起目击事件。

1912年，又有一轮飞船目击浪潮席卷了整个欧洲。大部分飞船据说都是巨大的雪茄状，而且开着明亮的探照灯。有极少几宗报告里还提到了翅膀。像以前的故事一样，飞船都能盘旋甚至逆风高速移动。这一轮浪潮到了次年4月才逐渐停歇，但在欧洲和其他地方还不时出现关于飞船的报告。

例如，1914年10月10日，英国曼彻斯特的一个居民声称，他看见迎着太阳飞过一个"黝黑的纺缍形物体"。据说，早在1918年的一个晚上在得克萨斯州韦科郡里奇菲尔德上空也飞过了一个至少长达100英尺的雪茄状物体。证人们说自己有一种"这辈子最奇怪的感觉"。1927年夏天，在肯塔基州沃尔夫郡上空也出现了一艘飞船。一个目击者把它比作"完全就像一条大鱼，前面长着大鳍，后面长着小鳍"。

20世纪20年代以后，尽管仍有报道，但很少再有人把雪茄状不明物体称作"飞船"。1946年10月9日，加利福尼亚州圣迭戈市有人看见了类似飞船物体，他们将之比作"长着翅膀的大蝙蝠"。次年2

月，在古巴哈瓦那上空也出现了类似的物体。

堪萨斯州匹兹堡市的一名电台音乐人说，1952年8月25日清晨5点50分，他开车上班途中遇上了一个75英尺长的家伙。透过它上面的窗子他看到了一个晃动上半身的人。他对空军调查人员说，那个不明飞行物外部边缘上有"一系列排得紧密的直径6～8英寸的螺旋桨"。

1967年2月6日上午，当露丝·福特开车行驶在新墨西哥州的德明和拉斯克鲁塞之间时，她看见了两个快速移动的"雪茄状物体"，但里面一个人也看不见。

UFO访问地球之谜

下面简要介绍来自全世界13个国家的报告。

1.地面留下的痕迹

这是由于地面受到某些压力或有规则的烤灼而留下的圆形、环形、三角形或半月形痕迹，大多数痕迹存在很长时间（有时数年之久）。在此期间，该处的土壤寸草不生。

1954年8月3日18时，一个透镜形的不明飞行物降落在马达加斯加的安塔那那利佛机场旁边。它在跑道一端满是石子的地面停留了两分钟。最初，它被7人（法国航空公司的1名技术处主任、3名驾驶员和3名工程师）发现。这些人发出警报，于是机场的全体工作人员以及候机的旅客都看到了这艘奇怪的飞船垂直起飞的情景。飞船停降过的

地方，直径10米的一个圆圈内地面的石子全部被压成粉末。

1954年9月10日，一个不明飞行物降落在法国卡罗布尔镇附近铁路的路基上。事后调查发现，那里的石块全部被煅烧过并被压碎了。估计那物体的重量在30吨左右。

一个比较出名的不明飞行物降落事件于1965年1月12日，发生在美国华盛顿州库斯特镇。美国研究员、西雅图《飞碟通报》杂志出版人贝尼尔曾对它进行过考察。晚上8时20分，镇郊的一个女农场主发现一道强光从天空中快速飞来。她以为它是一架即将坠落到她家房顶的飞机，于是惊慌失措地同她的3个女儿跑到院子里。到了院子里，她才惊恐地发现那物体并不是飞机，而像是一面白亮闪光的圆

形透镜，直径约9米，顶部成微拱形。那飞船飞行时无声响，并做出各种复杂的飞行动作，最后降落在农场院子后面的松树林边。四五分钟后，它突然垂直升起，飞快地消失在东北方上空。一名警官当时正在边境地区巡逻。他接到总部的无线通知，刚巧在飞船降落时赶到现场。他把汽车停在数百米外，跟那四个女目击者一样感到惊恐。尽管警官并不认识那些女目击者，但他的报告同她们的完全吻合。在飞船降落过的地方，雪地上有一个圆形的印子，其直径约三四米。印痕下面的土地完全被烤焦。从这个圆圈出发，等距离排着一行长约20厘米的椭圆形印迹，到松树林前面便突然消失了。这些痕迹两个月内都能清楚地看到。

1965年9月3日23时，两名正在美国得克萨斯州德蒙市附近公路上巡逻的警官发现，一团夺目的亮光降落在他们面前的平地上。他们小心翼翼地走过去，惊讶地发现停在他们面前的是一个常规意义上的大飞碟，从里面发出强大的噪音。汽车的发动机、大灯和无线电突然停

止了工作，大约15分钟后才重新启动，然后飞碟立即起飞了。走近降落的地点，两名警官发现地面的泥土被烤焦并被巨大的重物压过。

1967年5月5日，法国科多尔省马连斯市市长在他的管区不远的地方，发现一个颇有意思的飞碟降落时留下的痕迹。那是一个直径5米、深30厘米的圆圈，从圆圈成放射状延伸出去一系列10厘米的"沟"，沟端有一些深35厘米的圆洞。在这些沟和坑的底部，积了一层淡紫色粉末，不知为何物。

1968年6月，阿根廷米拉马尔附近的一名目击者，见到了一次非常少见的不明飞行物现象：那艘飞船仿佛被一束光支撑着，停在离地面约50厘米的空中。可当目击者企图走近它时，飞船却迅速地飞走了。警察对目击者指点的地方进行调查，结果发现那里的土壤被一种异常强大的热源烤焦。

1968年7月1日，许多目击者（其中包括医生、工程师和警察）看到一个不明飞行物在巴西圣保罗州搏图卡图医院附近降落。几分钟后，飞船无声无息地飞走了，地上

留下了一个成等边三角形（边长7米）的深深辙印。

1969年5月11日，在加拿大魁北克省，有一个不明飞行物降落在离M·查普特朗农场仅200米的地方。凌晨2时，查普特朗先生被犬吠声惊醒，开门出去查看，正好看见飞船起飞。这一情景还分别被另外四人看到。调查时，发现一个圆形印迹，周围还有三个深度不同的小印子，如果用直线连接起来，正好构成一个等边三角形。三角形一条边的正中，还有一个深约2.6厘米×5.1厘米的正方形印子。

1970年7月早晨，几名目击者发现一个明亮的空中物体在美国纽约州曼莫特港市附近逗留了15分钟。几小时后，在那里的地面发现两个直径分别为4米和6米的圆印，野草被严重碾压过。每个圆印外面各有3个较小的椭圆印迹，正好能构成等边三角形。一些直线形的浅沟（像是圆形重物在地面拖动而形成的）从两个大圆圈延伸出去，终止在一条灌溉渠的堤坝上。当地警方调查了现场，拍了照片并进行了分析，但毫无结果。

下面这个事例曾被瑞典飞碟调查小组的秘书S·O·弗德里克森分析过：1970年8月29日夜里，许多目击者发现一个发出强烈红光的圆形物体在瑞典安滕湖附近飞翔。在完成了一系列复杂的空中动作后，该物体向埃尼巴肯镇方向降落了。第二天早晨，该镇的一个居民约翰森老人发现他家菜园里有3个圆形印迹，里面的土壤被重压过。构成等边三角形顶点的这些圆印直径为40厘米、深4厘米。调查人员从该地区各处以及不明飞行物降落的三角地取了土壤标本，送交瑞典查默斯核化学研究所进行比较分析。瑞典专家们通过γ射线分析仪分析，发现降落点的土壤标本中放射性比普通土壤标本大3倍，达6千电子伏特。这样的辐射只能来自钡元素137的同位素，而且只有当钡137放射性同位素放出P射线时才能发现。但是，钡同位素只能在受激核反应中才能形成！约翰森老人怎么可能在他的菜园里实现核裂变呢？

2.植物被烧焦

90%的此类事例中，这种后果并非自身燃烧所致，而是受到异常强烈的热辐射的结果，其中35%的事例还伴随着放射性后果。一般来说，植物被如此毁坏过的地区很难恢复；而且25%的例子中，土壤从此寸草不生。

1965年9月16日，一个不明飞行物在南非比勒陀利亚附近降落。南非政府对此事极为关注，组成一个军队和文职专家小组，进行了认真的调查。在这点上，比勒陀利亚警备司令J·B布里茨中校的谈话颇能说明问题："这一事件的重要性非同小可，具有很大的机密性。现在正在进行一场广泛的高级调查。"但是，调查的结果属于"绝密"……

1966年10月7日18时30分，14名目击者发现一个明亮的空中物体降落在密执安半岛印第安湖畔（美国密歇根州）。发动机和仪表停止了将近一小时，而当那物体重新起飞后，在地面留下了一个圆形辙印，里面的草木完全被烤焦。

1967年6月18日夜间，发生在加拿大安大略省法尔扎湖上空的事件也颇为奇特。六人目睹并出具了报告。当晚23时，目击者中的两人拜访朋友之后驾着小船回家。突然，他们发现离湖岸800～900米远处，一个发光的物体停留在离树梢15～20米的空中。他们把小船朝那个方向划去，但是那物体突然急速地向小船冲下来，两人急忙后撤。第二次俯冲迫使他们把小船靠岸，并把住在附近一座山间别墅里的四个人叫出来。六个人一同注视着那艘奇怪的飞船在离他们300～400米的空中停留了10～15分钟，然后消失在西北面的天空。整个事件持续了30分钟。在此期间，飞船一直没有发出任何声响，唯一能证明它存在的是那些树枝被笼罩在一片耀眼的白光中，并且被一股强大的气流吹得猛烈晃动。请看国防部调查员一份正式报告的片段："据目击者描述，该物体为椭圆形，上部稍微突出，乳白色、闪光。高8～10米，厚3～5米。在远方消失时，呈橘黄色。一名目击者称，当时他正在用630千赫的频率收听CKRC电台的广播节目，突然频道上出现极强的干扰，节目再也听不见了。"这份报告最后写道："几根被烤焦的树枝标本被送到温尼伯进行分析。森林与乡村发展部通报说，无法解释收集标本地区的三个树种——白桦、榛树和樱桃树同时枯萎的原因。许多树都受到伤害，但并无一定顺序，而且主要是树梢。林业专家认为，造成枯干的原因可能是强大热量。"这一件事后来被纳入"无法弄清"的一类。

1968年7月31日，印度洋中法属留尼汪岛上的种植园主卢西·丰泰因，在一片林中空地上看见一个边缘呈深蓝色的椭圆形物体。这个不明飞行物离目击者仅25米，停在离地4～5米的空中。丰泰因此估计它高约2.5米，直径4～5米。目击者还说，他看见飞船的中部有一个蓝色的屏幕，几分钟里，从屏幕后面射出一道耀眼的白光，并伴之以巨大的热气流，陌生的物体旋即飞走了。10天之后，该岛公民保护署主任列格罗斯上尉带着吉洛特机场最完善的检测仪器赶到现场。他发现在飞碟降落点方圆5米范围内，土壤和植被的放射性含量达600亿单位，比正常量高30倍。就连目击者的衣服也带有放射性成分。列格罗斯上尉显然感到震惊，他下结论

道："这件事有人亲眼看到，毋庸置疑！"

1968年11月6日，将近100人看见一个明亮的空中物体降落在巴西皮拉松加地区。巴西空军当局对此事进行了秘密调查，并拍摄了地面留下的痕迹：一个直径为6米的圆圈，里面植物全部枯萎，周围内还有三个均匀分布的小坑（显然是支撑系统的底柱留下的）。调查结果没有发表。

一个比较出名的事例发生在美国艾奥瓦州巴尔的农场。这件事被美国研究员特德·菲利普调查过，并由海尼克博士在《飞碟试验》一书中做过分析。1969年7月12日23时，两名少女（巴尔的女儿和她表妹）恐怖地发现一个明亮的不明飞行物掠过农场上空向远方飞去。两个女孩足足看了两分钟，此间，她们听到了飞船发出的隆隆之声。飞船的形状像一只倒扣过来的浅底碗，呈深灰色，沿着自身的轴心不停转动。在飞船高度三分之二的地方有一个橘黄色光环。它消失在西北天空，只留下一道橘黄色光痕。巴尔农场主直到第二天早上看见飞

碟在他的大豆地里留下的痕迹时，才相信两个女孩说的是真话。地里一个直径约12米的圆圈内，作物完全被毁了。海尼克博士几星期后察看了现场，他写道："在那个圆圈内，树木的枝叶从主干开始枯干，像是被巨大的热量烤过。但树干并未折断，也未弯曲，地面上也没有留下任何痕迹。这一切表明，热量或其他带杀伤力的因素像是从近距离的空中施加的，并未与地面直接接触。"

1969年底，在新西兰发现了三次留下痕迹的飞碟降落事件。9月，在北岛的恩加蒂亚，发现一个圆圈内，野草和荆棘的枝叶全部褪色，并受到放射性污染。奥克兰大的研究工作者宣称，他们"没有找到任何化学反应的证据，但确实存在放射性杀伤的痕迹"。J·S·门吉斯在《宇宙观象》1970年23期上写道："某种辐射从里向外烧毁了植物的组织。地球上还没有发现能够造成类似现象的能源，一颗陨石或一次闪电都做不到这点。看来，是一个来自外星的物体在这里降落和起飞时放出的辐射。"11月，北

岛巴夏图瓦的农场主亨利·安杰里发现，他的农场地里有一个直径约12米的圆圈，圈内的草全部枯萎了。D·哈里斯博士在南岛的布林海姆也发现了一个类似的印迹。所有这些"死亡区"都是圆形的、圆圈内各有三个较小的坑，分布在一个等边三角形的顶点。受放射伤害的土壤一直寸草不生，无论家畜还是野兽都远远地绕开它……

3.水源被污染

人们多次发现，来历不明的飞船常常进入海洋、江河和湖泊去加水或排放废弃物。在65%的这类情况下，水源受放射性影响或被化学物质污染。

1961年夏天，在苏联发生了一次有名的不明飞行物在水面降落的事件。立陶宛科学院天文物理所的研究员R·维托尔尼克斯，对此进行了调查分析。事情是这样的：一个巨大的不明空中物体以惊人的速度俯冲下来，砸穿了拉多加湖面1米多厚的冰层。冰层被砸开一个直角100米的圆形口子，飞船钻入湖水，在里面停留了将近一小时，然后钻出水面，高速地向北方飞去。

受到飞船撞击的地方，冰层变成绿色，并带有放射性。后来，还在圆形窟窿的边缘发现了钻粒子。试问：地球人类迄今制造的哪一种飞行器能够经受得住同这样厚的冰层撞击呢？

1968年4月初，在瑞典马普拉门湖面1米厚的冰层上，发现了一个面积为500平方米的三角形大洞。在此之前，一个巨大的空中物体"坠落"下来，把砸碎的冰块抛出老远，这足见撞击力量之大。几天之后，在冰面上又发现了两个大窟窿，其中一个的形状和面积与前者完全一样，瑞典空军的专家们发现，窟窿附近的冰带有放射性；而部队潜水员则发现湖底的淤泥结了一层特性不明的硬壳，其中所含物质与1950年一次飞碟降落后将加拿大索毕尔湖水染成红色的那种物质类似。

1970年9月14日，一个不明物飞行降落在新西兰蒂奎蒂附近布莱克莫尔的农场边一个小湖里。第二天早晨，农场主发现湖水水位上涨了很多，两岸上的痕迹表明，夜里湖水不可思议地溢出了坝顶。湖水变成了暗红色，并带有刺鼻的气味。也许为了避免使我们受到伤害，陌生的飞船把有毒（放射性或化学）物质倾入湖里。在美国、墨西哥和丹麦分别三次发现此类物质被放在密封的集装箱内沉入水底，这说明外星客人非常注意地球生物圈的安全。

阿蒂·卡拉维基工程师曾调查过一件1971年1月3日早晨发生在芬兰库萨莫地区萨彭基湖面上的不明飞行物降落实例。那天，许多目击者看见一个闪光的圆球从离结冰湖面8米的空中掠过，放射出的亮光1500米范围内都能看清。几分钟后，那飞船降落在离毛诺·塔拉拉家17米处，停留1分钟后，它又突然起飞，跟出现时一样无声无息地消失在北方天空。过了几小时，目击者们发现，飞船停降过的地方（湖边）冰层变成了绿色。几天后，专家们从那些冰及其下面的土壤取了样，送交一家瑞典实验室和两家芬兰实验室（奥卢大学和氮化物公司）分析。研究结果表明，冰并未受放射性侵害，但其中包含着大量的钛元素。由此可见，外星飞船在地球上留下的大多数痕迹带放射性；而且，钛是制造这些飞船的主要材料，这些都是有关外星飞船的推进位置和机身构造的宝贵信息。我们知道，地球技术所预见的未来星际飞行的出路之一，就是使用原子能发动机，而钛又是地球上强度最大的金属，并从1974年起大量使用于空间技术。

4.有生命的机体受到影响

地球上的人和动物，由于不慎而过分靠近不明飞行物，在有的情况下，身体会感到不舒服，当然没有致命的影响。这些后果是由于超过正常标准的辐射而造成机体的暂时紊乱。需要指出的是，这种辐射每次都是事故性的。

1968年8月，阿根廷门多萨医院的残疾人阿德拉·卡斯拉维莉，从窗口看见一艘圆盘形的飞船降落在医院旁边。几秒钟后，飞船重新起飞，放出一种辐射状的"火花"。残疾人脸部被灼伤，昏迷了20秒钟。这时，飞船已迅速飞走。阿根廷空军情报处和原子能委员会秘密地调查了此事。发现飞船停留过的地方有一个直径50厘米的圆形

印迹，土壤呈灰色，放射性程度很高。专家们确认，残疾人被灼伤是强烈而短暂的辐射所致。无论是外伤，还是附带的恶心、剧烈头疼等，都一个月后才消失。法新社断言道："经过那里的不明飞行物留下了无可争辩的痕迹。"

另一件给人类造成不快的事件，1970年发生在芬兰南部吉米亚维村附近的森林。两名目击者埃斯科·维利亚和守林人阿尔诺·赫诺宁滑雪穿过树林。突然，他们听到一种奇怪的"嗡嗡"声。仰头一看，发现一个闪闪发光的物体绕着大圈向他们头顶飞来。到了离他们数十米的空中，那物体突然停住。目击者发现它被一层明亮的红雾环绕着。不明飞行物向一片林中空地降落下来，停留在离他们头顶三四米的地方。两名目击者惊恐万分，一动也不敢动。红雾消散了，"嗡嗡"声也停止了。赫诺宁和维利亚这才看清那物体为圆形，金属结构，直径约3米。平坦的底部有三个半圆形，构成一个直径三角形（大概是可伸缩的支架）。物体的中部有一根直径约25厘米的管子，

几分钟过后，从管内喷射出一束强光。雪地上显出一个黑圈，圈内的积雪被光束照得耀人眼目。经过一系列晃动的怪光之后，一束光投到赫诺宁身上。接着，飞船又被一层红雾包围住了。目击者惊愕地看见那光束被渐渐地收回管子内，而且始终保持同一形状，仿佛是用空气剪裁成的。接着，那物体升到高空，以令人难以想象的速度向西北方飞去了。两个芬兰人由于自己不慎，待在离飞船那么近的地方，结果吃了大苦头。赫诺宁腹部剧痛，小便变成黑色，身体极度虚弱，持续了将近一年之久。维利亚则浑身皮肤发红，很快得了头晕病，身体不能保持平衡。医生们诊断不出两个目击者患病的原因，但认为，他们受过强烈的辐射。

5.电路短路

不明飞行物造成的电磁现象迄今尚无法解释。在许多情况下，在靠近外星飞船的地方，汽车发动机停转，灯光熄灭，广播电视台节目中断或被严重干扰。还有整个城市的高压输电线路甚至发电站受到影响的情况。有时，靠近陌生飞船的

金属物品被磁化。正规地讲，所有这些现象都还无法解释……

一个最出名的此类例子于1957年11月2日夜至3日晨，发生在美国得克萨斯州莱维兰德市附近。这一事件有15～20名目击者，其中有5名警察和1名消防队上尉。事情是2日夜23时开始的。值班的A·J·弗勒接到一个奇怪的电话。卡车司机P·索塞多和他的助手J·萨拉兹惊恐地报告说："当他们的车沿着116号公路行驶到离莱维兰德市约7千米时，发现天空有一大团火焰。"他们说，当那个空中物体飞近时，汽车马达熄火，车灯也灭了。他们下车，以便更好地观察那物体，可是由于它速度极快，又放出巨大热量，他们不得不扑倒在地。他们俩描述道："那物呈淡黄色，很像一枚长70米的鱼雷，以每小时约2200千米的速度飞行。"

当它飞过之后，卡车马达重新起动，车灯复明。两名司机急忙将此事报告警察局。但是，弗勒没有把他们的报告放在心上，认为他们是醉鬼。可是，夜里24时，维抄拉尔地区一位颇有名望的公民打来

电话报告说：当他驱车行驶到莱维兰德市以东约7千米（这正是索塞多发现的飞船消失的方向）时，遇见一个椭圆形闪光物体，长约70米，停在公路上，周围被照得一片通明。当目击者的汽车开近时，马达停转，车灯熄灭。过了几分钟，不明飞船突然起飞，亮光消失，目击者的汽车马达又毫不费力地起动了。24时10分，另一名目击者遇见那物体降落在莱维兰德市以北约20千米的地方，并用电话向警察局报告了与前两个报告相同的内容。事后，蓝皮书计划执行小组和美国全国气象调查委员会，在调查过程中又获得了两份类似报告。一份报告说，有两人开着两台联合收割机当日24时12分正处在莱维兰德西北约28千米的地方，一个发光的物体从空中飞过时，两台收割机的四部发动机同时熄火。第二份报告说，一名得克萨斯理工学院的大学生24时05分开着车子到达莱维兰德市以东约11千米处时，发动机和车灯同时出了故障。大学生惊恐地发现一个长约40米的椭圆形平底物体停在前面的公路上。那物体像是铝制的，

闪着蓝荧荧的光，通身光洁，看不到任何细部构造。几分钟后，物体突然腾空，消失到黑夜之中。这时，目击者的汽车发动机和车灯重新恢复工作。在他父亲的坚持下，大学生第二天把事情的全部经过报告了莱维兰德市的警察局长。再说当晚，警察弗勒在24时15分还收到一名目击者的电话报告说，一个不明飞行物降落在市北约17千米处。他的汽车遭遇与上述报告完全相同。弗勒对事件再不能等闲视之了，终于决定报告警察局长。10分钟后，几辆警车被派去调查现场。第二天，一份调查报告起草出来了。报告中除了有关情况，还提到夜里24时45分，另一名目击者发现不明物体降落在离他的卡车400米处（莱维兰德以西），卡车突然莫名其妙地停了。目击者还讲述了一个很有意思的细节：飞船降落后，颜色便从橘红变成淡蓝，起飞后又变成原来的颜色。凌晨1时15分，警察弗勒接电话报告说，有人在俄克拉荷马—弗拉特公路上（莱维兰德市东北约4千米处）看见了一个长70米的不明物体。这时，几辆警

车在城郊公路上搜寻，弗勒同他们保持无线电通信联系，及时将他们引向出事地点。警察局长克莱姆和他的副手麦克考洛乘坐的汽车于1时30分到达俄克拉荷马—弗拉特公路离莱维兰德7～9千米的地方。两名警官发现一大团椭圆形的红色亮光停在他们前面的公路上。两秒钟后，那物体升到空中向西飞去，又被到达附近的两名警察哈格罗夫和加文发现。继后，陌生的飞船又被正在116号公路上巡逻的安通—得克萨斯镇的警察贝伦看见。经过附近的消防队上尉R·詹尼斯也看见了它。在那个值得回忆的夜晚，前后共收到15份看到不明飞行物的电话报告。第二天，目击者们出具了20多份正式签名的证词。不明物体被15～20人看到，造成了10辆不同型号种类车辆临时故障，因此，不可能是集体错觉。目击者互不认识，而且调查结果证明他们所讲的是实情。为了寻求一种多少能令人接受的解释，蓝皮书计划执行小组组长（当时是格利高里上尉）从一场雷雨暴风掠过莱维兰德的假想出发，"发明了"一个巨大的球形闪

电。然而，他的假想是站不住脚的。无论如何，球形闪电不可能有70米长，不可能6次在公路上降落，不可能改变自己的颜色，尤其是不可能造成汽车发动机故障。尽管新闻界和公众对国防部施加了强大的压力，格利高里上尉却拒绝对事件进行一次深入调查，借口是……缺乏有说服力的数据！

另一件出名的事件于1970年8月13日夜间，发生在丹麦哈德斯莱夫市附近。正在城市外围巡逻的警官埃瓦德·马鲁普的汽车于22时50分突然马达停止，车灯熄灭。紧接着，车子被来自上方的一道强光罩住了，车内酷热难熬。警官探头观看，只见一个直径15米的圆盘形物体停在空中，从它里面射出一束锥形白光。马鲁普想同总部联系，但无线电对话机已不能工作。光束渐渐地缩回飞船舱内，使警官惊讶不已的是光束始终保持固定的形状，仿佛是用空气剪裁成的。飞船迅捷而又一声不响地升高，消失到星空中去了。此间，马鲁普成功地拍摄了6张相当清晰的飞船照片（这些照片经过丹麦和法国专家鉴别其真

伪后，被发表在报上）。飞船消失20秒钟后，马鲁普警官的汽车发动机、车灯和无线电通信装备重新恢复正常。最惊人的、至今仍然无法解释的现象是飞船竟能分段逐渐收回光束。此种现象在法国（1967年5月6日）、加拿大（1968年8月2日和1970年1月1日）、芬兰（1970年1月7日）和中国上海（1983年2月21日）都有发现。

6.收集到（属于飞船的）一些陌生的物体

这种情况比较少见。但是，一些颇负盛名的作家和国际通信社认为，美国、巴西、西班牙和瑞典等国，可能掌握着外星飞船1947～1983年掉在他们国土上的物品甚至残骸。

1974年，美国佛罗里达州的V·A·巴茨拾到一个直径20厘米、重10千克的钢球。这个钢球的奇特之处在于：受到任何脉冲作用时，它便沿自己中轴旋转着成直线运动，然后返回自己的出发点。在向几个不同的方向进行过同样的运动后，钢球自动停止了。美国海军的一个实验室化验结果表明：该球放出无线电波，并被一个强大的磁场包围着。美国的军事专家说不出这个钢球的来历，也无法解释它的这些奇怪的特性。化验的唯一结果是这个神秘的球被美国海军"扣下了"。因为，正如美国空军和宇航局航天生物学顾问和导师、天文科学家卡尔·塞根所称："并没有不明飞行物留下的证明和痕迹。"

UFO追击汽车之谜

日本《周刊时事》记者岩田郁弘曾以《母子四个奇遇UFO》为题，报道了发生于悉尼的UFO追击汽车事件。

遇到UFO的是居住在西部的费伊·诺尔兹女士和她的三个儿子。

一天，费伊一家为了休假和找工作驱车去帕恩，汽车风驰电掣般地奔驰在纳拉伯平原的公路上。清晨，5点30分左右，汽车行驶到南澳州门德腊比腊时，车内的四个人注意到高速公路前方出现了一个闪光明亮的物体。开车的费伊女士谨慎地避开它，快速开过去。但是，肖恩说："总觉得那是个奇怪的东西，比琪为了搞清楚，说我们一定得再返回去看个究竟。"于是他们开车返回，开始了与UFO的接触，长约90分钟。

UFO呈一米左右直立着如鸡蛋形状，中心部分为黄色，周围发出白色的光。它不仅颜色和形状奇特，而且还发出令人恐惧的轰鸣声。母子四人都十分害怕，没等到UFO近旁就慌忙开车逃去。

不料，UFO竟追了上来。费伊拼命踩油门，汽车以100千米的时速飞驶在高速公路上。但UFO一会就赶了上来，并且沉甸甸地落在了四人乘坐的汽车顶篷上，不久，整个车子便升到了空中！

"哎呀"，费伊紧张得不由自主地大叫起来。三个儿子也惊恐万状，叫喊不迭，但他们听到的却是有点异样的回声。

尽管如此，费伊还是鼓足勇气把手伸到了车顶上。"车顶微暖，像海绵一样柔软"，"我感到非常奇怪，于是便把手缩回来"。

这时，UFO突然把汽车扔到地上，四个人争先恐后地跑出车，躲藏到道路旁边的丛林里。他们从树叶缝隙里窥视，UFO好像在搜寻他们。大约15分钟后它不知飞到什么地方去了。

四个人提心吊胆地回到车子里，车内和车顶布满了灰黑色的灰尘。一个后轮已破裂。他们迅速地换上备用的轮胎。在极度恐惧中开动了车，没想到UFO又追了上来。四个人拼命向迎面来的车发信号，但所有的车都像什么也没有发现似的飞快开过去了。

他们一口气跑了600千米，在南澳州塞杜纳停下来。这时才发现车顶上的四个角都已凹下去了一大块。在他们四人与UFO遭遇的那段时间里，在附近海域航行的渔船船员们也看到了空中有一闪光的物体，听到了同样异常的声音。另外，还有一名叫卡萨根罗的卡车司机在"事件"前一小时，也看到了他们所说的不明飞行物。

与这母子四人的遭遇相比较，麦克默多和鲍勃在非洲的奇特经历，更让许多人感到吃惊和不可思议，一时间UFO很少光临的非洲大陆，也蒙上了神秘的色彩。

一天中午，麦克默多和鲍勃两人乘车进入丛林。他们的任务是进行野外作业。下午2时，两人正沿一条不大的河流逆流步行而上，麦克默多突然发现正前方有一闪光的庞大物体。鲍勃也发现了这一情况。两人不知是何物，躲在树丛后观看。

"……那个玩意我乍一看很像一只大圆球，但事实上却有棱有角，它发着光而不是反射的太阳光。光的颜色先是白色的，后来可能是因为久看的缘故又泛出一股股的气流扑向我们。温度很高，我只觉嗓子眼被刺激的直想咳，却又咳不出来……"

"……是的，它整个儿密封着，至少在我们这一面没有任何窗口之类的开口，只是在底部好像有几个支架伸出。我和麦克默多正惊惧地望着，只见从那怪物体的底部探出一支软管，闪着与那物体不同的淡蓝色的光，而不是本身就是蓝色的。它插入河水中并微微颤动着。当时我们的右脚正插在水中，突然感到一阵火烧火燎的剧痛。我跳了起来，右脚已成奇怪的黑紫色。我的同伴吓得叫了声，他说从来没见过这么可怕的颜色和伤势。"

"我又望了一眼那飞行物，软管周围的水竟冒出气泡。我怕极了，背上鲍勃就想跑，可双腿却迈不动，一使劲就瘫倒在地上。可怜的鲍勃疼得直叫。我好像被轻微过电一样身体发抖，直抖得恶心得要死了！我又试着站起来，这回没事，我背上鲍勃就往回跑，直跑到我们的汽车前，竟跑了一百多米！"

在记者的询问下，两人谈起接下去发生的更奇特的事，他们驱车返回的途中，两人惊魂未定，鲍勃大声呻吟，麦克默多则不知所措。这时UFO第二次出现了，一个直径达4米的圆球体悬浮在两人的视野之内，它与上次的有所不同，它发出的淡蓝色柔和的光比较强一些，并且"好像在变换着光度，强弱不太分明"。二人动不也敢动，紧盯着那静止的发光体。此时，鲍勃感

觉右脚不怎么疼了，但他仍盯着那东西。

"车子不知什么时候在接受检查。我没有不舒服的地方，相反却有种飘的感觉。我的手扔在方向盘上，但并没有感觉到它的存在。我也不知道过了多长时间……"麦克默多显得很费劲地想着，回忆出当时的情景，"后来，我们第一次见到的怪物出现了。它似乎是从我们后面过来的。那小的斜着飞到大的背后，大个的好像是旋转起来，白光闪闪地一拐弯飞上了高空。再没看到小的，它似乎是藏到大怪物肚子里去了。车子又开动起来，我直接开车回到了基地。一路上我那可怜的同伴却没再哼哼……"

1959年9月的一天晚上，阿根廷的一名青年司机开着汽车从首都布宜诺斯艾利斯出发，在行驶到布兰卡港公路上时，已是午夜23点10分。突然，看到一道强烈的光闪，晃得他睁不开眼睛。他不知何缘故，急忙将车停在路边。此时，他感到不知为什么非常困，于是就迷迷糊糊地睡着了，半个小时后，他突然从沉睡中惊醒，发现自己躺在

草地上，再仔细看看身边的路标，他非常吃惊，因为自己是在1.3千米之外的萨尔塔，而他的汽车却不见了。

这个年轻司机失魂落魄地来到萨尔塔警察局，前言不搭后语地向值班警察讲述了所发生的一切。警察们感到很好笑，以为站在面前的是一个神经病患者，根本不予理睬。年轻的司机苦苦哀求，一定要警察查个水落石出。值班警察无奈，只好跟相距1.3千米之外的布兰卡港警察局联系。谁知，对方回答说他们的确在一条公路旁发现了一辆车，车的型号同那个年轻的司机讲的一模一样。原先不以为然，只想敷衍了事的值班警察一听，不禁大吃一惊。

有关汽车被UFO跟踪的报告层出不穷，其中有若干个案例是汽车内的人被UFO绑架，下落不明。

例如，1974年11月20日晚上，巴西圣保罗郊外就曾发生一件非常可怕的事件，一家三口在警官面前被UFO"吸走"。

当晚11时，一辆载着3名警官的圣保罗警察巡逻车接获"有一部轿车在公路上起火燃烧"的通知。警官赶紧抵达现场，走下巡逻车，附近的草丛有一对夫妇带着一名男孩出现，向他们求救。就在这个时候，有个直径大约10米的碟形黑色物体突然出现在他们的头顶上。三名警官吓得愣在原地。飞碟底部放出一道苍白的光筒，笼罩着那对夫妇和孩子。三个人的身体便顺着光筒被吸向飞碟后，飞碟便飞走了。

经过事后的调查，被飞碟劫走的被害人，是在圣保罗经营餐厅的达贝拉先生及其家人，当晚他们开车到亲戚家玩，在回家途中被飞碟劫走。

又根据另一位目击者的证词，出事前他看见达贝拉的车子在公路上全速奔驰，后面有一架飞碟在追赶。

1980年12月4日晚上，多位民众目睹巨大的飞碟在得克萨斯东部的上空飞行，其中以贝蒂·凯舒（当时51岁）、比琪·兰道姆（57岁）、柯比·兰道姆（7岁）三个人的遭遇最为糟糕。

这一天傍晚，住在德州休斯敦郊外的贝蒂与比琪开车载着比琪的孙儿柯比到附近新盖尼镇玩。

到了镇上才知道由于圣诞假期的关系，他们想玩的宾果游戏玩不成了。三个人只好到新盖尼镇的汽车餐馆吃晚餐，然后回家。晚上8时30分左右，三个人离开汽车餐馆。一直下着的毛毛雨停了，雨过云散，冬天的天空有星星在闪烁。

"好冷！"贝蒂坐在驾驶座说道。

柯比坐在贝蒂旁边，比琪钻进车内，用力关上车门，说："开暖气，贝蒂，别让柯比着凉。"

贝蒂开着车，朝狄顿的方向行驶。一路上几乎没有遇到其他车子。

车子在松林间的道路行驶了一会儿，前方森林的上空出现一大片光芒，明亮异常，他们以为是开往休斯敦机场的飞机，也就没放在心上。车子仍旧朝着狄顿的方向行驶。

但转过弯道驶进直行的国道时，前方突然大为明亮，光源便是刚才松林上方那种异样的亮光，现在就浮在数百米前方的国道上空。

"看来蛮恐怖的，快停车。"

比琪声音颤抖地说。但贝蒂不想在悄无人迹而且又是夜晚的国道停车，只是略微降低车速。随着越来越接近，逐渐看得出那是一个发光的巨大物体。当车子来到那物体前40～50米处，看到物体下部还喷出熊熊的火焰。

贝蒂握着方向盘，吓得直发抖。

面对这样的景象，柯比用畏惧的眼光望着那个依然在喷火的物体。

飞碟所发出的亮光把附近照得一片通明。贝蒂停车，打开车门，随即有一股热风吹进车内。贝蒂走到外面，绕到车前，面对飞碟，比琪也跟到外面，但柯比哭起来，比琪连忙回到车内。飞碟大小如同狄顿市的给水塔，颜色属于没有光泽的银色。飞碟的形状恰如去掉上下两端的菱形，中心有若干蓝光环绕。从菱形的下部喷出的火焰那么激烈，形成倒圆锥形。

随同火焰一起散发的热气使得附近的温度急剧升高。贝蒂所站的地面热得像火在烤，贝蒂及车内的比琪、柯比脸和手都因高温而产生灼热感。

这时，比琪为了从前窗玻璃看外面的情景而把身子伏低，双手则按在仪表板上面，霎时感觉双手像被烧到一般，还有金属被高温烧得软绵绵的感觉。她叫了一声，把手移开。仪表板上面清清楚楚地烙印着她的手掌印。车体的金属部分已经热得碰不得了。贝蒂想返回车内，用身上所穿的皮衣抓着门把，好不容易才把车门打开。

飞碟下部的火焰时喷时停，喷出火焰时飞碟便上升数米，不喷却又下降。

大约在贝蒂停车的10分钟后，飞碟最后一次喷出火焰，而且升高一大截，火焰消失之后，飞碟继续缓缓上升，越过松树林的林梢。就在这个时候，随着一阵噼里啪啦的声音，四面八方都有直升机飞来，就像大规模的军事演习一般包围了飞碟。

飞碟与直升机消失在松林对面，附近又恢复一片漆黑。贝蒂立刻开动车子，大约行驶5分钟到达一处十字路口，贝蒂转弯，前方再度看见一大群直升机包围着飞碟在飞行。贝蒂在路边停车，数一数直升机的数目，总共23架。飞碟发光的光线把每架直升机都照得清清楚楚。

直升机大多属于前后有螺旋桨的"双旋转翼型"。

贝蒂再度开动车子，紧跟在这一群不可思议的飞行物体后面，一直跟踪到车子抵达通往狄顿的道路；接着，车子背向着飞碟，但仍可从后窗见飞碟达五六分钟之久。

从发现国道上空的飞碟到飞碟从他们的视野消失，处在紧张与恐惧中的这三个人，感觉时间过得相当长，实际上只有20分钟左右而已。

9时50分，贝蒂在比琪家前面让他们下车，然后开车回家，她的朋友维尔玛就在她家等她。但在开车途中，她感觉深度的疲劳与不快。

她好不容易回到家，对着出来接她的维尔玛说"看见飞碟，觉得很不舒服"，然后就倒在寝室的床上。

贝蒂表示头痛欲裂，而且想呕吐。不久，她的脖子开始长出若干不小的疮，头、脸等处的皮肤红肿起来，随着时间的推移，她的双眼也红肿到无法张开，脖子的疮则恶化成烫伤，然后就是上吐下泻。

比琪与柯比也发生胃痉挛、呕吐、下痢等症状，也许他们待在车内的时间较长，所以症状较轻。

贝蒂的情况持续恶化，甚至意识不清，无论食物或饮料，一入口即呕吐。她一天比一天衰弱。

隔一年的1981年1月3日，贝蒂到巴克维医院入院治疗。她有多处皮肤红肿、脱落，头发则一撮一撮地脱落，身体衰弱到无法行走的地步。以后一度出院，但后来又恶化，再度住院又出院。

比琪与柯比经过两三周后，胃痉挛与下痢的症状便好转了，但比琪也掉了许多头发，双眼均患严重的白内障，视力大减。在与飞碟的遭遇中一直留在车内的柯比，症状最轻，但因精神上遭受极度的刺激，夜夜做噩梦。

他们的病因是什么呢？MUFON的辐射线学顾问仔细检查过这三个人的状态，做出以下的结论。

"这些症状可能是电离放射线所引起的副次障碍，除此之外，可能受到红外线、紫外线的伤害。"

出现在贝蒂、比琪、柯比眼前的菱形飞碟，除了发光、喷出火焰之外，也发出对人体有害的电离辐射线、过量的红外线、紫外线。

UFO观摩世界大战之谜

1939~1945年，是血雨腥风的6年，整个地球都被历史上最可怕的屠杀震撼着（死亡人数达5000多万）。在此期间，空军第一次成为决定因素，不仅决定着陆战和海战的胜负，而且决定着战争的进程，如德军进攻英国、盟军对德国的战略轰炸、日本以及后来美国空军在太平洋战线的胜利等，莫不如此。

1944年，冲突各国总共拥有60000架飞机，而主要交战国英、美、苏、德、日每月生产飞机300架。在5个交战大国的军队人数中，空军占35%。飞行员以其特殊的心理和身体素质、复杂的训练以及武器特点，无可争辩地成为军队的王牌。而经常面对死亡，又训练出了他们超常的反应能力。因此，1939~1945年间，空军飞行员提供

的有关发现不明飞行物体的报告具有特殊的重要性。在这些情况下，任何观察失误都可以排除。参加第二次世界大战的飞机驾驶员不可能看错他们面前的敌机型号，因为，他们的生与死取决于能否快速和准确地发现敌机。

在此类报告中，经常提到无法辨明的空中物体的活动，这对那些了解正在执行战斗任务的飞机发出的报告当是多么严肃而简洁的人来说，无疑是有说服力的。显然，报告中描述的两方面情况特别引起交战国参谋部的兴趣，这就是：有关飞行物体所达到的令人难以置信的速度；它们尽管表现出"机敏的好奇心"，但并不参与冲突，不进攻，特别是在受到地球飞机攻击时也不还击。这种难以解释的表现，

比采取公开敌对行动更令各国军界担忧，因为，战争结束后，每个交战国都曾把这些奇怪的空中物体当成是敌人的秘密武器。大国之间相互猜疑，无法理解这些奇怪的空中不速之客的行动和操作方式的各国参谋部，对这种现象展开了认真的考察。早在1942～1943年间，英国、美国和德国都组成了由科学家、军事专家和王牌飞行员组成的研究小组，并配备了现代化的研究仪器和当时最好的飞机。

正如飞行员们所说，这种措施太及时了，因为，在一些王牌空军大队的飞行记录中，越来越频繁地提到了"不明空中现象"。而这些歼击机、侦察机大队是由出色的飞行员和飞机组成的，它们是由大名鼎鼎的驾驶员凯萨达、尤勒、杜里特尔、施拉德、狄雷、贝格兰德或克洛斯特曼（盟军方面），以及诺沃尼、加兰德、戈洛布和冯·格拉夫（德军方面）指挥的。他们的飞行员在空中飞行时间在1000～6000小时之间，每天都在打残酷的硬仗，不可能被怀疑缺乏经验或胆量。但是，可以明显地看出，他们

对自己遇到的空中物体的奇特性能感到震惊……

从战争档案中发现，同奇怪的空中物体有过"遭遇"的著名空军大队和中队有如下记录：

皇家空军方面：英国611、616、415、122和125大队；加拿大124和49大队；挪威177大队；新西兰286大队；自由法国阿尔萨斯374、346和341大队；捷克斯洛伐克311和68大队；波兰303大队，以及国际格拉斯戈602大队和孟买132大队。

德国空军方面：神鹰JGZ、JG26、JG52和JG53大队。

美国空军方面：第8、第9军飞行大队。

许多这方面的报告引起了军事家和科学家的共同兴趣。

1942年3月25日，英国皇家空军战略轰炸机大队的波兰籍突击队员罗曼·索宾斯基奉命对德国城市埃森进行夜袭。任务完成后，他驾驶的飞机升到5000米高空，借助漆黑的夜色掩护，返回英国。经过1小时的艰难飞行，飞出了德国领空。正当索宾斯基和他的伙伴们

松了一口气时，后机关炮炮手突然发出警报说，他们的飞机正被一个不明物体跟踪。"是夜空猎手吗？"驾驶员问，他心里想的是危险的德国空军驱逐机。"不，机长先生！"炮手回答，"它不像是一架飞机！没有清晰的轮廓，而且特别明亮！"不一会儿，机上的人员都发现了那个奇怪的物体。它闪着美丽的橘黄色光。于是跟任何处在敌国上空的有经验的驾驶员一样，索宾斯基机长当即做出反应，"我想，这大概是德国人制造出的什么新玩意。"于是下令炮手开火。但是，使全体机组人员感到惊愕的是，那只陌生的"飞船"尽管离轰炸机只有将近150米，又被大量炮弹击中，但并不还击，而且显出满不在乎的样子。炮手们惊惶失措，只好停止射击，那个奇怪的物体就这样静静地伴着轰炸机飞行了一刻钟（此间机上人员的神经紧张到了极点），然后突然升高，以难以置信的速度从波兰飞行员的眼前消失了。

1942年3月14日17时35分，德国空军设在挪威巴纳克的秘密基地突然进入紧急状态，因为雷达上显示出一个陌生空中物体正在飞行。基地最优秀的飞行员、工程师费舍上尉立即驾驶一架M－109G型飞机起飞，并成功地在3500米高空追上了该物体。这位德国飞行员后来在报告中写道："陌生的飞船似乎是金属制造的，形状如一架机身长100米、宽15米的飞机。前端可以看见一种天线一样的装置。尽管没有机翼，也看不见发动机，这艘飞船在飞行中能完全保持水平。我跟踪了它几分钟，然后，它突然升高，以闪电般的速度消失了。"费舍上尉截住它的打算失败了。基地雷达站再没有找到它的影子。尽管这位德国上尉是造诣很高的军事专家，但他承认自己鉴别不出这艘飞船。他深感惊叹的是，它的速度非常快，机身没有机翼却操作异常灵活，而且不倚仗自己的优势把费舍上尉的飞机击落。

1942年2月26日，荷兰巡洋舰"号角号"被一个陌生的空中物体连续跟踪了3个小时。巡洋舰上的船员说那个物体是"一个像铝制的圆盘"。银灰色的"圆盘"并不攻击巡洋舰，而只是好奇地尾随着它，也

奇怪的闪电圆盘

不害怕舰上全都向它瞄准的炮口。荷兰人发现这个奇怪的物体并无恶意，于是放弃开炮的念头，只是惊愕地注视着空中"圆盘"的复杂操作。为巡洋舰"护航"了3个小时之后，"圆盘"突然加速升高，以每小时大约6000千米的速度消失了。

1943年10月14日，拥有全欧洲最重要的滚珠轴承厂的德国城市施魏因富特遭到盟军的空袭。在这次著名的大空战中，参加攻击这一头等重要目标的有美国空军第8军的700架"空中堡垒"波音B17型和"解放者"联合B24型重型轰炸机。担任护航的有1300架美国和英国歼击机。空袭的目的达到了，施魏因富特滚珠轴承厂被夷为平地，但盟军损失很大：111架歼击机被击落，将近600架轰炸机被击毁击伤；而德国人只损失了300架飞机。德国人在这次空战中投入了3000多架飞机，第一次突破了盟军轰炸机的密集队形（每70架飞机组成一个方阵）。看来，那个空中战场确实像一个地狱。法国驾驶员皮埃尔·克洛斯特曼把它比做"一个大鱼缸，里面的鱼全发了疯；一场

真正的噩梦，任何人除了奋力保命而无暇他顾"。

编入一个B17轰炸机方阵的英国少校R·T·霍姆斯却报告说，在他的飞机编队到达目标上方开始发起攻击时，一些闪闪发亮的大圆盘突然迅速地靠拢过来。那些奇怪的"飞船"（其大小与一架B17型轰炸机差不多），穿过美国轰炸机方阵，似乎对机群的700门机关炮的疯狂射击以及地面上无数高射炮组成的火网并不在意。美国飞行员们惊讶地发现那些奇怪的"无翼飞盘"并无恶意，对他们的疯狂射击也不反击，只是静静地飞远了，一点也没有妨碍他们的轰炸。不过，驾驶员们也没有时间按照美国的高贵传统问一问："这些疯子是什么玩意？"因为正在这时，德国的歼击机群出现了……霍姆斯少校的座机侥幸得以平安返回基地。下飞机后，他做的第一件事就是向皇家空军统帅部递交了一份详细报告。英国的军事专家和科学家们对报告的内容既感兴趣，又迷惑不解，猜测它们可能是德国人研制出的新型秘密武器，因为飞盘刚巧在德国飞机

到来前10分钟出现。1943年10月24日，作战部对情报部发出一份指令，命令火速查明这件事。三个月后，英国情报部门汇报说，奇怪的闪电圆盘跟德国空军以及世界上任何一国的飞机都毫无关系……它们纯粹是一些UFO——不明飞行物。

1943年12月28日，从11时45分起，德国设在赫尔戈兰岛以及汉堡、维腾贝格和诺伊特雷利茨市的雷达站，相继发现一大群圆筒形物体以每小时3000千米的速度静静地从空中飞过。德国空军拥有当时世界上飞行速度最快的飞机Me-262，时速925千米，但是，德国指挥官们一想到这些魔鬼般空中圆筒可能是盟军投入战斗的新武器时，心中就不寒而栗……

1944年2月12日，在许多将领的参与下，在德国的秘密基地孔梅尔多夫发射了第一枚V-2型导弹。这次试验的目的是为了检验这种超音速导弹（当时还没有任何武器可以将它截击）的性能。当然，这一事件从头至尾都被拍成电影。但是在冲洗胶片时，技术人员惊愕地发现，他们那无与伦比的导弹在飞行过程中始终被一个不明的圆形物体跟踪。那物体竟然还若无其事地绕着导弹飞行。基地上的人们发现不了那个物体，因为它的飞行速度超过导弹：时速2000千米。这件事当然发人深思，引起了巨大恐慌。希特勒和戈林都很恼火，认为盟军通过发射间谍装置把他们寄托全部希望的V-2型导弹秘密武器了解得一清二楚，而且敌人研制出的武器超过了它。在他们看来，那个奇怪的飞行物如果不是敌人的武器又是什么呢？！可笑的是，英国人也为同样的问题大伤脑筋。海军元帅严厉地斥责飞行员，因为他们在1943年竟然允许一个陌生的物体在英国庞大的海军基地斯卡帕弗洛上空自由自在地翱翔。当然，奥尔卡德群岛基地上的喷火式战斗机没有能够拦截住一个时速达3000千米的飞行物体，这对海军元帅来说无关紧要，他只是不失身份地警告皇家空军："这样的事不容许再次发生！"

1944年9月29日，在德国最大的秘密试飞基地正在检验一架Me-262型飞机。在1.2万米高空，驾驶员发现一艘奇特的飞船，纺锤形，无翼，但是有舷窗和金属天线。据德国驾驶员估计，飞船长度超过B17型飞机，它以2000千米的时速从基地上方掠过，德国喷气式战斗机尽管超高速飞行，也没能截住它。

1944年11月23日22时，美国空军第9军415大队的两架野马P—51型歼击机在他们设在英国南部的基地上空巡逻。驾驶员E·舒勒和F·林格瓦德中尉对这种老一套的飞行厌烦了，打算进行一些完全非军事性质的动作，好让基地的雷达兵们开心。突然，两位中尉惊慌地报告说，发现一个由10个明亮的大圆盘组成的飞行大队快速地掠过他们上空。两架野马式歼击机立即上仰，组成战斗队形想截住那些奇怪的圆盘。但尽管开足了马力，时速达730千米，两个驾驶员仍觉得他们简直是在圆盘后面爬行。基地雷达站指挥官D·麦尔斯中尉一直注视着这场空中的疯狂追逐，认为"猎物"的速度至少要比"猎人"的大4倍，于是建议他们最好放弃跟踪。这正是驾驶员求之不得的，因为他们飞机的发动机已经热得很厉害，有爆炸的危险。就这样，经过13分钟毫无结果的追踪之

后，两个驾驶员返回了基地，他们汗如雨下，大声地痛骂那些"该死的怪物"。

如此众多的报告汇集到各国参谋部的办公桌上来，终于使军界要员们恼羞成怒，三个空军大国（美、英、德）政府命令着手进行一系列正式的（当然是秘密的）调查。在美国空军的强烈要求下，情报部门早在1942年率先开始调查。但是，鉴于这些空中不速之客的表现，总的看来并不构成对盟军的威胁，而且它们不太可能属于德国人，这个问题被排除出了紧急军务之列，只是建议专家们继续进行研究。可是由于某种原因，美国空军一点也不喜欢在这些陌生的空中物体（不论它们属于谁）面前，表现出明显的低人一等。于是，美国空军就同不明飞行物结下了"深仇大恨"，这种情况至今还给美国官方对飞碟的态度打下了烙印。可是在英国，皇家空军成立了一个由许多科学家和航空工程师组成的专门小组和一个受过专门训练、配备有英国最先进飞机的拦截大队。该小组由空军元帅L·梅塞领导，这充分

证明英国空军对研究不明飞行物的重视。这些研究是为了弄清这些经常出现在盟军飞机附近，而飞机上的火炮损伤不了它们一根毫毛的物体究竟来自何处，它们行动的目的是什么。不幸的是，飞碟研究小组得出的结论过去和现在都是"绝密"……在德国，空军对飞碟的兴趣也一样大。1942年，成立了"13号专门小组"。从那时起，直到1945年，这个小组在"天王星行动"计划内，一直从事对奇怪空中物体的研究。这个小组拥有第一流的专家和最先进的仪器，而且在那样一个时期，当国内一切资源都用于前线时，还调了整整一个Me-262型飞机中队供小组使用。这充分说明，德国空军意识到必须高度重视这个问题。

当然，在历史上这场最可怕的战争中，交战各国的空军参谋部都不太情愿考虑这些飞行物体有可能是一些外星文明的信使。普遍认为这些飞行物属于敌方，而它们同本国的飞机相比所具有的明显优势性造成了内心的恐惧。在战争结束之后，当研究专家们有可能看到部分档案时，这种恐惧才被暴露出来。弄清一些问题，以保持公众舆论的斗志，这种办法在战争期间经常使用，战后也被延续下来。今天人们对待飞碟的态度和方式仍然打着它的烙印。

飞碟与火山喷火关系之谜

⦿ ⦿ ⦿ ⦿ ⦿ ⦿ ⦿ ⦿ ⦿ ⦿ ⦿ ⦿ ⦿

一般来说，飞碟的形状是一个盘子上放着一个圆形的东西，可有人发现与此不同。1973年2月11日夜晚，英国的德塞特州亨吉斯特贝利，当地的报纸《晚间音乐回声》的记者卡尔·惠特里先生所看到的飞碟，其形状是环状的、车轮一般的模样，窗户和星点模样的东西都围在那上面。

当时的渔夫麦克·派卡同卡尔在一起，他们两人用望远镜观察了45分钟。车轮形的飞碟倾斜得很厉害，放出耀眼的光芒，慢慢地朝西面飞去。看上去整个飞行体缓缓地转动着。

当天晚上是个满月之夜，不可能把云彩、飞机和气球误认为飞碟。而且它的高度能让人把轮廓看得很清楚，不可能搞错。人们把它推断为：那可能是一只UFO的母舰或者是UFO基地。

加拿大安大略州明顿的波休康格湖的周围，从1973年12月开始，人们不断地发现奇怪的飞行体，数量很多，集中在湖边出现。终于在1974年5月有人忍不住向国防部提出申请，要求调查此事。提出申请的人是当地居民安休利·卢纳姆先生。

根据卢纳姆夫妇的反映，UFO几乎每天都出现，三角形和椭圆形都有，发光的颜色也很多，红色的、蓝色的、绿色的和白色的，真所谓形形色色，不一而足。还有九根天线插在上面，灯光一亮一暗，好像在跟什么地方通信联系。

特别是3月份发生的事情，那简直是件怪事！从湖边出现的

UFO，接近了居民的住宅，它向住房的窗户射出一道光线，把已经结冰的窗户上的冰霜融化开来，窗户的木框是木头做成的，被加热以后，房间里的人甚至可以闻到那木头烤焦的气味。令人不明白UFO此举目的何在。

那一带目击飞碟的人很多，还有不少飞行员和记者发现在3月的雪地上有三角形飞行物留下的痕迹。当地居民被UFO搞得心神不宁，卢纳姆先生为此向国家发出呼吁。

同时在别的地方，也有不少人目击了向附近飞去的UFO。

"UFO照射到我的脸上啦！"1973年10月4日，美国密苏里州盖普·吉拉尔德的东南面的密苏里医院，大型汽车的司机埃迪·D·威勃先生这么喊道。当威勃太太被热气薰得昏过去的时候，他眼镜的塑料镜片仿佛被火烧过似的，高热烤焦痕迹历历在目。他的眼睛也发红了，一时之间什么都看不见。

根据他们的证词，当他们在高速公路上行驶的时候，从反光镜中看到后面的路上半浮着一个杯形的奇怪物体，红色和黄色的灯一亮一暗地闪烁着，中央部分看上去很费劲似的忽上忽下地转动。

那时威勃先生把睡在身旁的太太叫醒，他把头伸出窗外向后张望，突然一个火球飞过来命中他的脸。他急忙停车，当太太向后面探望时，已经什么都看不见了。

同医院的物理博士哈莱·鲁特雷基检查了眼镜的镜片，他说，"这里面的物质似乎是被超音速音波所破坏，镜片内部被加热处理了。"

不明飞行物光顾中国

◉　◉　◉　◉　◉　◉　◉　◉　◉

　　在中国，全国各地均有关于不明飞行物即UFO的报道。

　　1981年7月24日晚10点40分左右，中国的西南、西北、华中、华南广大地区数千万群众都目击到一起形状如盘香的螺旋形UFO。据中国UFO研究协会（CURO）统计，在事件发生后的短短3个月中，共有新华社、《人民日报》社在内的38家新闻单位（包括港报3家）、3家刊物登载、广播有关这次UFO事件的文章稿件约70篇。中国UFO研

不明飞行物来到中国

螺旋UFO外形

究协会及各地分会共收到千余份目击报告。目击者有航天航空科技人员、报社记者、解放军指战员、高校师生、工程师、天文爱好者以及广大工人、农民和中国UFO研究协会的会员，目击者遍布13个省205个县市。

四川省甘孜州科委在1981年7月27日上报国家科委的第十期工作简报中说："7·24"不明飞行物出现前，该州蒙县电厂无故停电，变压器、地震前兆仪无故损坏。四川省茂汶县杨钒说，螺旋UFO出现时，全县电灯突然变暗、熄灭，UFO过后即恢复。还有不少地方报告，"7·24"UFO出现或前或后，当地突然出现暴雨、大风等等。UFO犹如一个闪烁着蓝、白相间的光环，光环的中心呈现鲜明的蓝白色。使用望远镜的目击者说：UFO核部"呈蝶状""呈龙状"，UFO上有一排窗口；还有约20份报告说："7·24"UFO在运行过程中曾有过悬停或转向、变速的运动。

"7·24"UFO是唯一被我国

作为UFO、"飞碟"正式予以报道的国内事件。美国加利福尼亚州某UFO研究机构负责人提醒人们："在地球两侧，中国的西藏和美国加利福尼亚同一天观察到特征相同的'飞碟'，这显示了值得注意的相互关系。"

中国UFO研究协会会员成都地质学院的龚如义撰文指出：我们不能孤立地只着眼于"7·24"UFO这一事件，也不能孤立地考察螺旋UFO这一类事件。

1982年6月18日晚10时左右，我国黑龙江、吉林、辽宁、河北、山东、江苏、安徽等省城成千上万的人，目击到北方天空一个巨大的不明发光圆环。黑龙江北部不少人看到"圆球"呈螺旋形结构。黑龙江省杜尔伯特蒙古族自治县（东经124°42′，北纬46°52′）的郑德春成功地拍摄了照片，据同时目击者王万友、陈正官、周淑云描述，发光体类似圆月，正中有一光点格外明亮，肉眼观察到发光体似乎始终在旋转，光圈由核心向外扩散，逐渐增大，光圈始终是圆形。

1984年4月7日、9日、11日、13日，东北许多地区在晚上9点45分左右又连续几次观察到与"6·18"事件几乎完全一样的不明发光飞行物。据首都机场赵雪正调查，1984年4月13日，在从旧金山—上海—北京班机的飞行中，看到不明发光物的中国民航982航班报务员说："（发光物）中间有亮点，旁边呈雾状，而且一圈圈扩大，扩大时简直像原子弹爆炸一样。机长钱英明形容发光体就像电影中拍摄镜头掠过太阳时产生的光环一样。"

太极图不解之谜

◉　◉　◉　◉　◉　◉　◉

在第17届世界杯足球赛上，韩国无疑是引人注目的，不仅因为它是东道主之一，更因为它所创造的佳绩。如果我们稍加留意的话，就会记起这个被称为"太极虎"的球队的国旗是由一幅太极图和八卦中的四卦组成的。

韩国作为中国一衣带水的邻邦，受到中国文化潜在的影响，而儒家精神更是在这个国家有重要地位，那么我们就可以理解，为什么他们会采用儒家经典之首的《易经》中的太极图和八卦作为国旗的图案了。

太极图传说是古代中国伏羲所绘，《史记·补三皇本记》记载，伏羲的母亲"履大人迹于雷泽"而后生下了他。古书《拾遗记》讲"蛇身之神，即羲皇也"。由此可见，太极图的作者伏羲就隐藏着巨大的不解之谜。

我们再来看太极图，了解一些天文地理常识的人都知道，地球公转的轨道平面和自转的轨道平面之间的夹角（黄赤夹角）为23°26′21″。而太极图阴阳两仪的S形螺旋夹角也正巧在23°左右，所以专家推测太极图是以地球作为对象的。可令人疑惑的是在上古交通闭塞，工具极端落后的情况下，怎么就已达到把地球作为一个模式来画图形的程度呢？这还得回到伏羲时代来。《古今图书集成》上的一段记载说："上古伏羲时，龙马负图出于河……伏羲则之，以画八卦。"台湾飞碟研究协会会长吕应钟先生曾提出一个大胆的观点："龙就是飞碟。"那么，我们结合伏羲的奇异外形"蛇身人首"，是否可以进一步假设：一个与外星文明有联系的"伏羲"，凭借着"龙马"（飞碟）提供的数字密码和地球运动模型，才画出了太极图呢？前段时间，有科学家还通过先进的脑功能扫描技术——脑涨图，对人脑进行扫描分析，得出的结果使人惊讶不已：人的大脑就是一张太极图案。

由此可见，《太极图》以简驭繁，无论在天文上还是在人体内，都表现出知识的高度凝聚性，这在上古时期是难以想象的。这种综合性的整体知识模型，唯有联系外星球的高级文明，才能找到一个较完

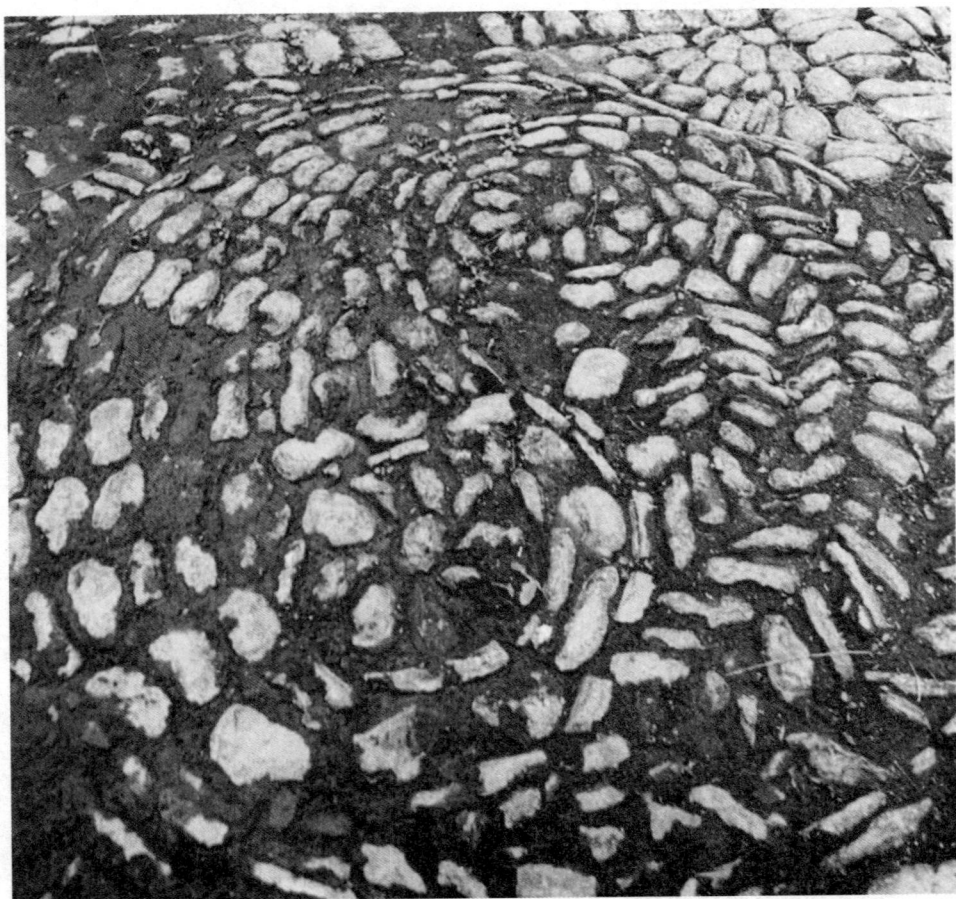

高深莫测的太极图

满的解释。

《易经》所记载的太极图，一直是作为历史的社会科学研究对象，但无论从医学还是当代天文学、物理等自然科学的发展来看，多有和太极图暗合的地方。我们除了应对太极图的来源做深入的历史考证外，是否应换个思考角度，尝试从自然科学的方面来继续研究呢？

太极图惊人秘密的揭开无疑还很遥远，但是太极图的历史及其所显示的文明特征，向我们显示了众多的线索，如果我们整合运用各种科学知识，相信最终是可以实现的。

人类知音之谜

◉　◉　◉　◉　◉　◉

　　遥望无边无际的星空，人们会提出一个很自然的问题：太阳系中，还有没有像人类或者超过人类智慧的生命？早在19世纪30年代，曾出现过轰动一时的"月亮骗局"。事情发生在1835年8月，美国新创办的《纽约太阳报》急于打开销路，为吸引读者，报社聘请英国作家洛克撰稿。洛克在撰稿时，选择了英国天文学家约翰·赫歇耳正前往非洲南部的开普敦去观测研究南天星空这件事，洛克连篇杜撰了这样一个娓娓动听的月亮有理性生物的故事。他说，不久之前，赫歇耳的望远镜能分辨出月亮表面约45厘米的物体，因此，看见了月亮上有罂粟似的鲜花和紫松等树木，还有一个碧波荡漾的湖泊，以及类似野牛、齿鲸等大型动物，更令人

惊奇的是，看到了一种外貌像人但长有翅膀的动物。文章这样写道："它们的姿势，尤其是手和臂的动作看上去热情而有力。因此，我们推论它们是有理性的生物。"结果许多人盲目地相信了这一重大新闻，人们奔走相告，该报一度成为当时最畅销的报纸。

　　天文学家们很快拆穿了这种骗局。事实说明，如果想分辨清楚月面上45厘米大小的物体，光学望远镜的口径至少得有570米那么大，而人类至今也未造出这么大的望远镜。当时虽然还没有一位天文学家登上过月球，但由地面天文观测分析可知，月球是一个荒凉死寂的、无水和大气的世界。

　　尽管理论与观测均已做出否定的答案，现代仍有一些人企图从月

球上探寻什么智慧生命。例如，有人设想：月球很可能是一个可以居住外星人的空心体。当年阿波罗登月飞船落在月面的时刻，指令舱中的记录仪记录到长达15分钟的持续震荡波，这一结果令人吃惊。有学者认为，若月球是实心体，那么在碰击后产生的震荡波至多持续5分钟，不会如敲击木鱼般的回荡。由此，关于月球可能是空心体的猜想便出现了。通过对月岩标本的分析研究，发现其金属含量很大，其中铁等亲氧金属不发生氧化。据此，有些人竟然宣称，月球可能是由外星人人工制造的一个空心体，其中必有一些鲜为人知的秘密，诸如月球内部可能是一个奇妙的生态体系，里面藏着一些相当文明的智慧生命，那里也可能是外星人研究观察地球人的航天站，等等。遗憾的是，这终归是人们无科学根据的猜想。这不过是在现代社会出现的新"嫦娥奔月"神话而已。

科学家告诉我们，行星上生命的发生和发展，必须要满足一系列的条件，或者说要有生物生存的必要条件。譬如，行星上生命的诞生、存在和发展，均离不开自身发光、发热的天体——恒星。由天体演化学知道，恒星是由气体尘埃云收缩而形成的。对于密度很低的原始星云，通常是在自身引力作用下收缩，渐渐变成一个自转着的扁平圆盘（称为吸积盘），于是中央主要部分因密度增大、温度升高发生热核反应而形成恒星，其周围的物质盘逐渐形成行星系统，例如，我们的太阳系。

在宇宙中，虽说地球好似一个微不足道的行星，但对于我们人类来说，它却是最亲密的和生命攸关的天体。地球上有充足的水和含氧量高的空气，又有比较合适的温度，这与它距离太阳的位置等条件有很大关系。譬如，距离太阳最近的两颗行星——水星和金星。水星的白天非常酷热，夜间却极端寒冷，厚厚的金星大气主要是二氧化碳，存在严酷的温室效应，所以，任何生物都无法生存。火星在地球轨道以外，虽说距离太阳不算太远，但比起地球来，其气候异常寒冷，常有沙尘暴，而且根本没有水，生物无法生存。十几年前宇宙飞船的空间探测表明，木星和土星上也没有任何生命存在。位于太阳系边远空域的两颗大行星是天王星、海王星，根据空间探测以及地面各种观测知道，它们的环境也不适宜任何智慧生命存在。到目前为止，所有的太阳系探测结果表明，尚未发现和证实，哪里还有像地球这样适于智慧生命栖息的星球。

飞碟跟踪地球飞机之谜

到底有没有飞碟？人们一直围绕这个问题争论不休。许多人认为飞碟是不存在的，然而，一些神奇的不明飞行物跟踪人类飞机的事情却时有发生，这又是怎么一回事呢？

1973年10月18日，一架编号为"68-15444"的军用直升机正朝着美国的曼斯菲尔德飞去。13时05分，它到达了曼斯菲尔德机场东南方向800米的高空处，它的飞行角度已经变为30°。这时候，罗伯特·亚纳塞克中士看见飞行航线东侧90°的平线上方有一道红光。30秒后，亚纳塞克发现，那是一个发光体，它上升到跟飞机相同的高度，以超过飞机航行的速度向他们飞来。这时候机长劳伦斯·科恩也看到了这个物体。看样子，一场可

怕的飞机碰撞事件即将发生。无奈之下，机长只好紧推操纵杆，使飞机急速下降到550米高度，以避开疾飞而来的不明物体。与此同时，他向曼斯菲尔德机场指挥塔发出呼叫，希望机场能够帮助他们。

塔台没有回答。机上人员眼看着飞机要撞上不明飞行物了，这种景象是非常惨烈的，所有的人都以为他们也许就要在这里丧生了。就在这个关键时刻，迎面而来的发光体似乎犹豫了一下，随即降低速度，朝西飞去，最后拐了45°，改向西北方高速飞去。这下，科恩机长松了口气，于是他又回升到800米高度，返回克利夫兰。

这件事情用不着任何科学解释，就使人们很自然地想起了两个字——飞碟。不过，美国最著名的

飞碟否定论者菲利普斯·克拉斯，还是在他于1975年出版的《得到解释的UFO》一书中，把科恩案件说成是大惊小怪，他说四名飞行员见到的只不过是一颗巨大的陨石而已。当然，这种说法太容易被反驳回去了，因为很显然，陨石是不可能自行拐弯的。一颗耀眼的陨石突然出现时，它的轨迹几乎是直线，我们见到的时间也顶多只有1分钟。

实际上，飞碟跟踪飞机的事件已经发生了数十起，其中有一起甚至是跟踪美国军用飞机。这件事情发生在1957年7月17日清晨，当时，美国一架"RB-47"型飞机，从得克萨斯州托皮卡附近的福布斯空军基地起飞。这次飞行的任务主要是要在得克萨斯湾上空进行射击训练和在海面上空进行航空练习，并且要根据预定在美国中南部上空返航时对无线电对抗电子设备进行检测。

6名军官组成了这架"RB-47"型喷气式飞机的机组人员，其中有3名电子专家在飞机尾部操纵着无线电对抗电子仪器。

那天的天气晴朗，空中万里无云，高气压一直延伸到高空的对流层。在飞机的航线上没有骤雨，也没有雷电，一切都很正常。当他们完成了在得克萨斯湾上空飞行训练后，机长蔡斯把航向对准了密西西比州海岸。此时，飞行的高度是10500米，飞行速度是0.75马赫。转眼间，飞机越过了海岸和附近的格尔夫波特市。按照飞行计划规定，在梅里迪安和杰克逊（密西西比州）附近，飞机应该向西拐弯，进行预定中的训练。可是就在这时，坐在驾驶员位置上的蔡斯上校突然看见一道光，起初他还以为是另一架高速飞行11时区的喷气式飞机的着陆灯。这道光比"RB-47"型飞机稍稍高一点。上校提醒麦克伊德注意前方的光线，同时指出，光线处没有任何飞行器的灯光。当那股淡蓝色的强光继续前进时，上校通过内话机向机组人员发出警报，命令全体人员做好突然偏航避免碰撞的一切准备。当时是格林尼治时间10时10分，"RB-47"型飞机拐弯265°，飞机速度是0.75马赫，飞行高度是10500米。

就在他们准备偏航的时候，

一件怪事发生了，那个发光体改换了方向，以某种角度横插他们飞机的航线中心线，从飞机的左方一下子"跳到"了右侧。速度之快令有二十多年飞行生涯的蔡斯诧异不已。假如它不是飞碟的话，那它又是什么呢？人类研制出来的各种飞行器的速度根本无法与它比拟。

在精密仪器的监视下，那个发光体仍然在飞机的周围逗留着，似乎是在观察和研究人类的飞行物，直至几分钟后才消失。

毫无疑问，这一现象除了遭遇飞碟之外，得不到更合理的解释。

仙发之谜

◉　◉　◉　◉

　　"仙发"的故事不断地出现，究竟"仙发"是怎么一回事呢？到今天为止，人们还没弄清楚。

　　1952年10月的一天，对于法国西南部的奥罗伦圣马利市的居民们来说，是一次非常难得的机会。因为就在那一天，他们看到了一排不明飞行物从他们头顶上飞过，而且，那些飞行物飞过后，在他们的头顶上还出现了串串柔丝，人们把它叫作"仙发"。

　　当地中学学监普利尚一家，是最先看到这一奇异景象的。当天，学监正和儿女们一起吃午饭，忽然一个孩子发现了这一旷世奇观，并且尖叫起来，普利尚抬头的时候，正看见一排飞碟循着弯弯曲曲的"之"字形路线从空中飞过，飞碟拖着串串柔丝状物质，柔丝散开后

慢慢降了下来，落在树木、电线和屋顶上。

　　这一天，飞碟两次经过了该地，第二次是在当天下午5点，目击者约一百余人，在240千米以外的法国盖雅克镇上空，20个飞碟在阳光下缓缓向东南方飞去，飞碟飞过后也有同样的"仙发"落下，但这些"仙发"很快就分散、消失了。

　　显然，这些"仙发"与飞碟存在着不可否认的关系。不过，究竟为什么会出现这种情况，至今还没有人能够说清楚。

　　英国船长佩普也在加拿大蒙特利尔看到过"仙发"。1960年10月，他还曾就这件事请教了著名科学家、伦敦自然博物馆馆长克拉克，博学多才的克拉克认为那可能

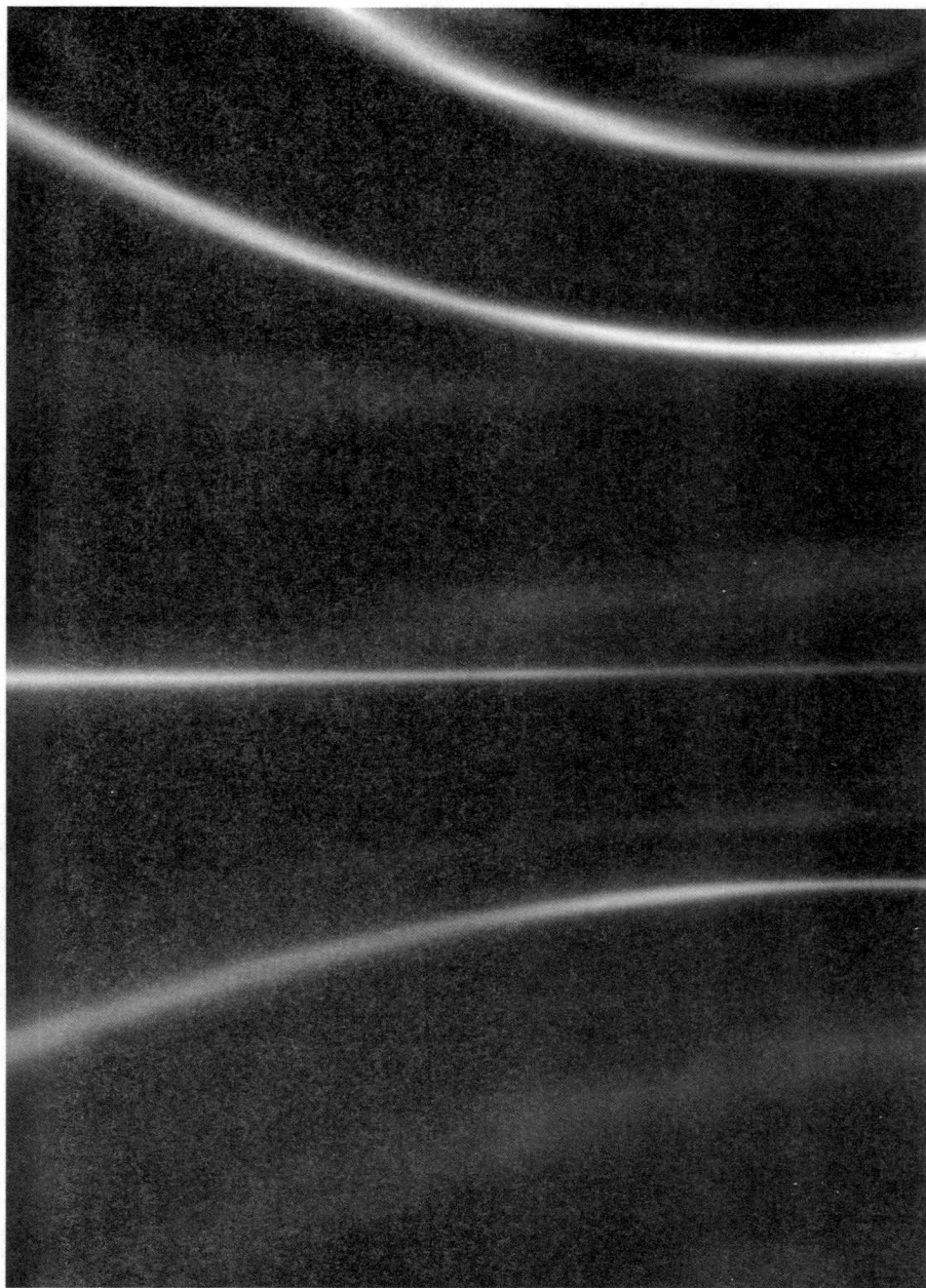

不明飞行物常常会在这样的环境中出现

是蛛丝。克拉克同样无法解释这些丝缕为什么一握在手中就立即消失，因为蛛丝不会融化，温度对它也没有影响。也正因为这一点，所以它根本没法保留，这就给研究工作带来了非常大的难度。

至今为止，人们只知道"仙发"的外形很像蛛丝、蚕丝或棉絮，一般呈白色，闪闪发光，十分柔软，但所有的记载都指出，只要人们把它拿在手里，它很快就会融化消失。这是它与蛛丝、棉絮等物质的根本区别。

不过，事实和研究都在进行着，后来，人们发现克拉克的说法中还有一个漏洞，那就是从来没有人在那许多飘浮的丝中发现过一只蜘蛛。从这一现象的最早记载——18世纪英国作家怀特写的《索尔邦博特志》中可以看出。怀特在书中说：1741年9月21日黎明前，他走到田野中，发现青草上有一层层的"蜘蛛网"。后来他发现：许多蛛丝从高处落下，连续不断地下至日暮时分，这些蛛丝并不是仅在空中四散飘浮的细丝，而是联结成片，有些宽约一英寸，长五六英寸，下落时相当迅速，显然比大气重得多。

怀特还写道，降下这些丝絮的地区包括布莱特列、索尔邦和艾里斯福，这三处地方构成一个三角形，最短的一边长约12千米，虽然怀特用了"蛛丝"的称呼，但他明确地记录了这些丝絮是从天空降下来，而非蜘蛛吐出来的。

那么，这些"仙发"是什么呢？不得而知！

飞碟形状之谜

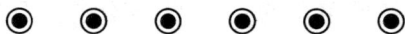

◎　◎　◎　◎　◎　◎　◎

"飞碟"这个称呼，始于1947年。那年6月，一位美国商人驾驶私人飞机飞经华盛顿的艺特雷尼地区时，见到9个排成队形的飞行物，其形状与两个对扣的咖啡碟子极其相似，在前进的同时，它们还围绕自身的中心轴高速旋转。于是，"飞碟"一词沿用至今。

人们常将UFO（不明飞行物）与飞碟等同起来，其实，飞碟仅是UFO的一个局部。纵观人们的分析，UFO至少有下列3种：

不明的自然现象，如宇宙空间的流星体、大气涡流等；科技发达国家发射的秘密飞行器；外星人的飞船，即常说的飞碟。

现今说的飞碟，不一定是碟形。1970年，在巴西圣保罗市召开的美国和中南美各种宇宙现象研究会上，展示了132种飞碟照片，大体上可分为12类。

这些飞碟中，最小的直径仅有30厘米，它只能是不载人的探测器。最大的直径达600米，可能是母船。

1966年12月21日上午7时51分，由船长弗拉克·鲍曼，驾驶员詹姆斯·拉佩尔和威·恩道达斯3人乘坐的阿波罗八号飞船，从肯尼迪宇航中心飞向月球，在圣诞节的早晨进入月球轨道，他们3人是人类有史以来第一次进入月球轨道，并成为用肉眼观看月球背面的最早的人类。在离月球表面100千米高处用带望远镜的照相机拍摄了第一张月球背面照片，并且显示出飞碟的降落点。

当你看了照片后，一定以为是

从人造卫星或飞机上拍摄的地球表面照片。可是，这些景物不是地球上的东西，而是月球背面拍摄的月面照片的局部放大。在荒凉、贫瘠的月面上看到这些景物就非同寻常了，它绝非大自然的造型物，而是人类长期争论不休的飞碟存在的实证。照片清晰地反映出这些地外文明的存在。

照片被照出的飞碟，超出了我们想象的机械观念。因为照片中飞碟是在不同高度，所以不清楚是否同一机种，假定是同样大小的话，估计其直径大于10千米，相当于一个城镇那么大。对比照片中仰望飞碟矗立的纺锤形物体，则旁边的飞碟有其10倍那么大，大得实在吓人。因为这是来自其他星球超智慧生物的杰作，当然不能用现代人类的技术水平或价值观去衡量它。

遗憾的是，至今尚未看到阿波罗宇航员目击的记录，哪怕是非官方的发言也没有。有幸的是，托恩·威洋孙在其所著的《月球的原住者》一书中，透露了阿波罗八号在月面发现巨大飞碟的情况。书中是这样叙述的："阿波罗八号一边接近月面，一边察看将来的着陆地点时，出现了意料之外的事情。阿波罗八号进入轨道，迂回到月球背面时，发现正在着陆的巨大飞碟，并且成功地拍摄了那张照片。这个物体四周有10千米那么大。当飞船再一次来到月球背面时，宇航员们准备再一次拍照，可是，这个巨大的物体已消失得无影无踪，连一点着陆的痕迹都没留下。"

至今，美国当局对UFO情报仍采取否定态度，但是，不管怎样否定也不会改变UFO存在的事实。

瑞典科学杂志《莱顿》也曾报道，苏联宇宙飞船在月球背面发现一个飞碟基地和一个由形状奇特的高大建筑群组成的城市。克里姆林宫的决策者在分析了收集到的照片和数据后，最后不发表这一惊人的发现。据苏联《宇宙》杂志编辑廉阿普拉哈姆·维里斯博士说："苏联政府决定不正式发表这条消息，是害怕让别国知道。苏联对其他国家不信任，不想让自己的知识被别人知道。"参与美国宇宙计划的一位人士说："苏联在月球上发现了什么，完全是有可能的。"

美国宇航局分析的照片，将20世纪视为最神秘的飞碟的真面目公之于众，它为外星文明不久将来到地球的近邻——月球，把人类置于其监视之下，提供了一个明显的证据。

1969年1月6日下午7时15分，美国前总统卡特曾在乔治亚州里亚得市看见了不明飞行物。当时他是乔治亚州州长，正准备对狮子会发表演讲。1976年6月8日，美国的《国民询问报》中引述了卡特的报告内容："我坚信有不明飞行物，因为我见过一次，它奇形怪状，当时约有20人见到。我从未见到过这么骇人的东西。它是个庞然大物，很明亮，会变色，约有月亮那么大。我们瞪眼看了大约10分钟，但想不出它究竟是什么。"

类似飞碟的面目胶卷

UFO造访人类之谜

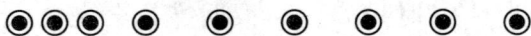

如果真的有飞碟存在的话，那么它的主人一定拥有比地球人高得多的科学技术水平。他们星球的发达程度将远远超过地球，具备摧毁人类的能力，那么，如果他们怀有恶意，就迫使人类臣服。可是，事实并不是这样。

虽然经常有关于UFO的报告从世界各地传来，但给人的感觉都是他们在避免与人类接触。这究竟是因为什么呢？我们还无法了解，不过，有一点可以肯定，那就是如果存在UFO的话，他们对人类是没有恶意的。

在挪威曾发生过一起最离奇的UFO事件。在这个事件里，有67名男女和儿童无意中登上飞碟，最后被全部放回。整个事件非常不可思议，就像是外星人跟人类开了一个玩笑。

这件事发生在挪威最大的"胡夫科辛"游乐场，这里共设有32个大型游乐项目，每当休息日，总有许多前来放松和寻找刺激的人们。

有一天，游客们在游乐场里发现了一架发出彩色光芒的碟形飞行物，就把它当成了游乐场新开的一个游乐项目。直到他们登上飞碟以后，才发现弄错了。这时候，飞碟已将他们带上了天空。据负责调查这起事件的官方人士透露，如果飞碟上的生物怀有敌意，那么这67个人就可能再也回不来了。

调查人员查问了游乐场的主管。他说，他也不知道那个东西怎么会来到这里。还说，第一次见到它时，它正向天空飞走。当时，在他身旁的人都用手指指着天上的飞行物，问："玩一次要多少钱？"

事件发生后，挪威当局曾警告所有登上该UFO的人，不要跟外界或新闻界谈及此事，可还是有人把经过说了出来，让更多的人了解这件怪事。

那是黄昏时分，他在游乐场里看到了那架发出橙色和蓝色灯光的碟形物体，在入口的地方有一个金属吊梯。他走了上去，看到一个金黄头发、蓝眼睛、穿着一件银色紧身衣的孩子站在舱口，孩子接过了入场券，并指点他进入舱内。

他走进一间圆形房内，站在墙边，其他人也鱼贯而入，同他站在一起。他们开始还以为这是个类似大转盘的游戏，谁知当所有的人都走进来后，大门却关上了。紧接着另一个穿着银色服装的孩子走到房间中央，向天花板上的一盏蓝灯望了一眼，人们就飞升到天空中了。开始大家还在谈笑，可是当飞碟升空以后，人们才感到有些不自然，每一个人都停止了说话，房间内一片沉寂。其中一位女游客向四周望了一眼，脱口而出："我们登上了一架UFO！"这时，人们才隐隐约约地明白发生了什么事。

这次飞行大约持续了一分钟，最后，飞碟来到距离游乐场3000米远的一片草地上降落，并打开舱门让所有的人返回地面。然后，飞碟笔直地飞上天空，消失得无影无踪了。

这件事很离奇，它证明了外星人对人类并没有恶意，但是，他们的目的是什么？也没有人能说得清楚。就像下面所要记叙的一例UFO事件一样，人们猜不透他们的动机。

那是1972年12月30日晚上10点20分左右，阿根廷特雷阿罗瓦什村的一位老人正坐在家门口听收音机。突然，收音机的声音神秘地消失了，这时，空中传来了像蜜蜂发出的嗡嗡声，老人抬头望去，只见有一个巨大的亮点悬在天空中。可以清楚地看出这是一个飞碟，在不断变换着光芒和色彩。飞碟的中间部位是一个带舷窗的圆形舱室，舱内有两个身着类似潜水服的人形生物，正用双眼凝视着他。

当飞碟倾斜飞行时，可以透过

舷窗看到船内的一些仪器。老人正惊奇地观察着这架UFO，突然，从它内部射出一道强烈的光柱，正照在马塞拉老人身上，老人顿时感到身上又热又痛。随后，飞碟向东北方飞去，一下子就不见了。过了几天，老人惊喜地发现：他身上多年不治的病症居然全部不治而愈了。腿疼、头疼、腹泻等慢性病从此再没有复发，说话也流利多了，双眼也不再迎风流泪了。两个月以后，老人居然又长出一口新的牙齿和满

头的黑发。事情过了几年，年已76岁的老人，身体却变得像中年人一样强壮有力，能干一些一般人承受不了的重活。

这是一位幸运的老人，飞碟中的天外来客不但没有伤害他，反而用他们的高科技手段治愈了他的顽症，赠予老人一件珍贵的礼物——健康。不过，这并不是飞碟所赠送的最珍贵的礼物，在风雪交加的喜马拉雅山，3位日本登山者曾收到过最珍贵的礼物，那就是

发出耀眼光芒的不明飞行物

生命。

那是一支由3个人组成的日本登山队，当时，他们正在喜马拉雅山上，一切进行得十分顺利。一天，他们离开了营地，准备攀上通往珠穆朗玛峰的最后一段路。

就在他们出发后不久，天色忽然大变，气温由原来的−17°急剧降到−31°，而且漫天风雪，叫人透不过气来。3个队员艰难地爬到一处较平的地方，扎起了一个小帐篷休息，希望能躲过暴风雪的袭击。随着时间慢慢流逝，他们都冻得手脚僵直不听使唤，登山队员们都觉得这次是死定了。

过了几个小时，其中的一位队员勉强爬出去，想看看天气如何，这时，一件令他毕生难忘的事情发生了。他看到一架巨大的圆形物体在他们头顶的上空。虽然当时风势很大，这个奇怪的飞行物却纹丝不动，就像是施了定身法术一样。紧接着，它的一个舱门打开了，从里面飞出一架较小的碟形飞行物，慢慢地降落到登山者身边。

这时，几名队员都已爬了出来，他们看到小飞碟里走出了6个人型生命体。他们全都不超过1.2米，全身穿着一件银灰色的衣服。他们的头特别大，有一对尖长的耳朵，还长着一双又大又绿的眼睛，仿佛能一眼看透人的心思。他们示意登山者们登上飞碟，随后飞碟开始上升，而在他们的四周，则发出万紫千红令人目眩的灯光。那些地外生物围着登山者，一边望着他们，一边用十分高声调的语言说个不停。过了不久，舱门又打开了，登山者们走出来，发现这是喜马拉雅山山脚下的一个小村落。他们刚刚离开飞碟，飞碟就悄悄飞走了。当地的村民们听到声音赶来，把他们3人送到尼泊尔首都加德满都的医院里救治，使他们恢复了健康。

在这个事例中，飞碟和它的乘客扮演了一个天使的角色，救助了面临死亡的人类，表现了他们的热心与善良。如果这些事是真的话，我们有理由相信，UFO并非怀有恶意的"鬼怪"，在多数情况下，它们并不攻击人类，而是愿意友好地对待我们，就像对待陌生的异乡人一样。

UFO攻击人类之谜

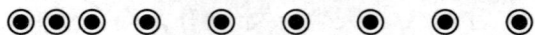

◉◉◉ ◉ ◉ ◉ ◉ ◉ ◉

在所有与飞碟进行的接触中，第三类接触无疑是最惊心动魄的。有相当多的专家认为，地外生命对我们并无恶意，否则，凭借他们的科技水平完全可以征服地球上的任何一个国家。然而，飞碟或神秘的外星来客攻击人类的报告，还是从世界各地传来。

官方公认的第一例"飞碟攻击案"发生在美国，那时是1948年1月7日，美国空军上尉托马斯·曼特尔奉命从肯塔基机场起飞拦截一架不明飞行物。他向基地报告了这个物体的形状、质地后就开始跟踪。当跟踪到6500米高度时，无线电联系突然中断，接着人们发现了曼特尔所驾驶的飞机的残骸。专家们认为，这就是神秘飞行物对飞机进行攻击所造成的可怕后果。

1978年，澳大利亚的一位年轻飞行员华伦也遭到了类似的命运。那是10月21日傍晚，华伦驾驭着轻型飞机在澳大利亚最南端的巴斯海峡上空飞行。他当时用无线电向基地报告，说有一个很长的绿色不明飞行物在他头顶上盘旋。那个飞行物的体积非常大，使华伦十分吃惊，他正在跟踪那个不明飞行物的时候，基地的领航员听到从无线电中，传出了一阵连续不断的金属噪音，然后无线电就中断了，从此，再没有人见过华伦和他的飞机。

就在同一时刻，在巴斯海峡岛屿上有许多人看到，天空中有一个绿光闪烁的轮状物体，那个物体体积很大，飞行速度也很高，瞬间就在墨尔本海岸的方向消失了。

华伦和曼特尔是否都遭到了

UFO的攻击呢？我们还无法确定。不过，有一点相同，那就是他们都是在跟踪一个不明飞行物，而这样的跟踪很可能对那个不明飞行物造成了威胁，使它动用了武力。这个猜测在另一个更具典型性的事例中得到了进一步的证实。

那是1974年秋季的一天，朝鲜半岛滨城海域浓雾迷漫，陆地上的空军部队严密地监视着海空，一枚枚隼式导弹在发射架上随时准备攻击入侵者。上午10点左右，一个幽灵般的物体从公海上空迅速飞来，闯入了滨城海岸的警戒系统。不一会儿，人们就看到浓雾中有一个十分庞大的黑影，又过了一会儿，大家看清楚那是个椭圆形的金属物体，发出红黄两色的光线。进入640米范围后，它突然停住了，周围的光辉急速闪动着。基地指挥部仔细观察了这架飞行器，发现它上面没有任何标记，立刻断定这是一架怀有敌意的飞行器。第4发射台的上尉马上下令发射导弹，一枚隼式导弹立即腾空而起，直扑不明飞行物。这时，令人意想不到的情况发生了，导弹并没有命中目标，相反，一道白炽的强光准确无误地击中了运载火箭和弹头，转眼之间就把导弹熔化了，就在这时，那个不明飞行器骤然地加速，几分钟内便从雷达荧光屏上消失了。

很显然，这架UFO用激光之类的武器保护了自身，轻松地击溃了价值数百万美元的隼式导弹。而且从这个例子看来，对方并没有恶意，是人类自己的不友善行为酿成了不良后果。在人类与外星人的接触中，这也是导致人类遭受神秘力量攻击的致命原因。

1967年5月的一天，巴西一位农民从林中打猎归来，在自己家附近，他看到一个碟状飞行物从天空降落到了他家的田园里。在飞行物附近，有三个巨大的人形生命体飘浮在空中。这个农民想都没有想就举枪射击，打中了其中一个人形生命体。这时，一道强光从地面上的碟状飞行物射出，击中了开枪农民的肩头。之后，三个巨大的类人生物立刻飘进他们的飞行物中，飞碟马上升空飞走了。那个农民回家后便卧床不起，他受到光击的那侧肩头上留下了一处直径达15厘米的灼痕，两个月后便死在家中。医学检查表明，他的死因是一种强烈的辐射破坏了他的红细胞。

在新西兰的奥克兰城郊外，一个正要接近UFO的农民也遭遇了同样的攻击，时间是1963年2月，他在受到来自UFO的怪光照射后，头部的一部分"融化"后当即死去。

1975年2月14日下午1点多，法国青年安托万在珀蒂岛的卡尔韦山顶上，看到了飞碟和外星生命，当外星人发现他后便用一束强光击倒了他，使他患上了一种怪病。当时，21岁的安托万看到一架椭圆形的发光飞行器降落在山顶上，有三个奇怪的生物从飞碟里走出来。他们穿着银白色的衣服。只有1米左右高，每个人都背着一根天线。三个矮人下了飞碟后就开始采集土样，后来他们发现了正在偷看的安托万，就发射了一道强烈的闪光击中了他。当安托万醒来的时候，他感到极其疲乏、虚脱、恐慌，部分丧失了说话能力。

还有一些事例不属于出于自卫的攻击，而是地外生命主动攻击无辜的人类。这样的事件虽然较少，但却存在。

在巴西，发生过4起奇怪的案件，它们都与UFO有关，而且案情中有几个相似的疑点，令人百思不得其解。

第一起发生在1981年10月，巴西一座小镇的两个年轻人相约要去森林里打猎。10月17日这一天，他们一起来到了猎物经常出没的地方，分别爬上一棵矮树。突然，一个像卡车轮子一样的飞行物向他们飞来，它向四周发出强光，把其中一个年轻人吓得从树上摔了下来。这时，一束光射在另一个年轻人身上，他尖叫了一声也掉了下来。没被光射中的青年吓得转身就跑。第二天，他带人回来寻找他的伙伴，却发现他已经死了。奇怪的是，他身上没有致命的伤痕，只是全身的血液都没有了，就像被一只巨大的吸血鬼吸干了一样。

10月19日，同样的事情发生了，另一个青年也在打猎时被强光击中后死亡，尸体里也没有鲜血。不久之后，一个在山顶干活的人被不明飞行物射出的强光击中，几天后在精神失常的情况下死去。接着另一个人又在狩猎时遭遇飞碟，被攻击后丧生。

这四起疑案发生后，警方对证人和目击者进行了测谎和调查，结果表明他们没有撒谎，UFO中射出的光线确实杀死了人类。

在其他攻击事件中，攻击方式依旧是通过神秘的光束。虽然这些攻击都给人造成了极大的伤害，但还都不能说明UFO是怀有恶意，因为这样的主动攻击案例，在所有的飞碟案例中是微乎其微的。究竟有没有飞碟，飞碟上的乘客是否对人类抱有不良的企图，我们谁都不知道。我们只希望如果这一切是真实的，外星人是我们友善的朋友，而不是敌人。

截击UFO之谜

◎　◎　◎◎◎◎　◎　◎

罗伯特·迪克森是美国俄勒冈州雷德蒙市的一名警官。1959年9月24日这一天，他正开着汽车在城边巡逻。突然，他发现空中一个庞大的圆形飞行物正在下降，还发出耀眼的光芒。一开始，他还以为是一架起火的飞机从空中坠落下来了。但那个发光的球体在离地面70米的空中突然停住了，毫无动静地待了几分钟之后，又开始上升，并且向机场的方向飞去。飞了一会儿，它又悬停在机场西北上空。迪克森感到事情不妙，弄不好会造成飞行事件。他立即加大油门，巡逻车以最快的速度驶入雷德蒙机场，直奔指挥塔。车刚一停稳，他就跳下车，冲入飞行指挥员的办公室。机场的飞行指挥员们用望远镜观察了一阵。他们看到不明飞行物的光

稍微暗了一点，在它的四周，还放射出一些红、黄、绿色的火焰，这些火焰一会儿喷射，一会儿缩回，像一些跳动着的火舌。早晨5点10分，雷德蒙机场向西雅图空运指挥中心报告了这个情况。接着，这个报告又被转到了加利福尼亚州的汉密尔顿军事基地。几分钟以后，空军部命令波特兰机场的喷气式飞机紧急起飞，截击UFO！并且命令俄勒冈州克拉马思福尔斯的雷达系统进行跟踪。5点18分，波特兰空军基地接到命令后，6架F-102式截击机立刻冲出跑道，向雷德蒙飞去。另外一架F-89截击机和一架B-47轰炸机也跟着起飞了，他们要执行一项秘密使命：截获UFO，抓住上面的乘员！在雷德蒙机场，联邦航空管理局的官员仍在一刻不

停地监视着UFO的动静。不久，他们终于听到了喷气式飞机的呼啸声。当喷气式截击机向UFO发起冲击的时候，奇异的彩色火舌却不见了。紧接着，这个不明飞行物的底部喷出一股烟雾，它跳跃着飞进喷气式飞机的航道。离UFO最近的飞机只好迅速拐弯，避免跟它相撞。但后面的飞机却进入空气旋涡之中，驾驶员慌得手忙脚乱，急忙升上高空，UFO也加快了速度，转眼就飞远了。另外一架截击机在雷达的引导下跟在UFO后面飞，但飞碟迅速钻入了5000米高空的云层，飞机只好放弃了追踪，开始返航。这样的事件，在1953年也发生过。当时，几架AD-35式飞机正在进行战斗演习。突然，一个巨大的火箭形飞行物高速向机群飞来。在接近机群的时候，它骤然减速，猛地悬停在离飞机300米远的空中。编队指挥官立即下令，各机降至同一高度，准备对不明飞行物发起攻击。奇怪的事发生了，UFO突然左右摇晃起来，并且把尾部对准机群，喷出一股巨大的火焰，接着就高速飞走了。如果它不是左右

摇晃的话，说不定，那几架AD-35式飞机都会被烧成灰烬。1976年9月19日下午1点30分，在伊朗德黑兰北部上空发现了不明飞行物，伊朗空军的F-4式战斗机立即起飞迎敌。当飞机逼近目标时，飞机上的所有仪表和通信设备都失灵了。飞行员只好停止了追击，调头返回基地。等飞机离开不明飞行物一定距离，不再对它构成威胁时，飞机上的仪表和通信设备又恢复了正常。1点40分，第二架F-4式飞机又起飞了。当它朝德黑兰方向迎击时，从不明飞行物中分离出另一个闪着强光的物体，以极快的速度朝飞机飞来，伊朗飞行员想发射一枚导弹进行攻击，但刹那间F-4的武器操纵系统、通信设备又都失灵了。飞行员急忙把飞机调头，做了个俯冲回避动作，那个分离出来的不明飞行物，才返回到第一个UFO的舱里。F-4式战斗机只好返回了机场。

从机场雷达回波来看，这个不明飞行物的大小跟一架波音707飞机差不多，这个不速之客是怎样使飞机上的仪表和通信设备失灵的呢？真让人百思不解。

UFO坠毁之谜

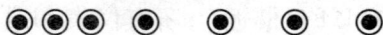

对于在空中遭遇过UFO的人们来说，不明飞行物是一个神奇而可怕的物体。它拥有巨大的光能、动能，在空中灵巧自如，拥有极快的速度。世界上有些天文学家、物理学家、宇航动力学家都认为，大多数的UFO实际上是被不明智能生物控制的、来历和去向不明的超级飞行器。

很多国家和科学团体希望能通过各种手段同不明飞行物和它的乘客进行深入地接触。他们在一些飞碟活动频繁的地区修建降落的场所，并安放明显的标志，想吸引飞碟降落。他们用炮火强迫在空中飞行的UFO迫降，以便了解它的秘密。他们还派遣飞机跟踪或者攻击飞碟，希望能有所收获。可惜，这一切都没有取得任何实际效果。因为如果不明飞行物真的存在的话，他们的发达程度也大大超越了地球目前的科技水平，除非出于自愿，否则，人类并没有能力挽留住他们。

但却有一些偶然性的事件，给从事UFO研究的人们提供了机会。由于飞碟本身的不尽完美以及其他的偶然原因，地球上曾经发生过一些不明飞行物的坠毁事件。它们的残骸与碎片都成了珍贵的调查物证。

1974年7月6日晚上，美国新墨西哥州的沙漠上空突然出现了一个巨大的碟状发光体。几乎同时，在离罗斯威尔地区不远的牧场附近一声巨响，发生了强烈的爆炸。牧民们听到这个可怕的声音后都跑了出来，他们一下子惊呆了。他们看到，在牧场周围莫名其妙地覆盖着一层奇怪的碎片。谁也弄不清究竟发生了什么。

没过几天，附近空军基地的一名军官公然宣称，他们那里有许多遇难"飞碟"的残片。紧接着，美国政府立刻对这则耸人听闻的声明进行了辟谣，并告诉广大公众那些碎片只是一些气象探测器的残片。但是，当地的居民们断定，那并不是什么气象探测器，而是真正的飞碟，因为他们看见军方当时很快就运走了所有的残片和宇宙飞行员的尸骸，并且把那些珍贵的物品都送到了一个秘密的地方，对它们进行研究。

日本有一位著名的飞碟研究家叫天追纯一，他在一本名为《外星人的秘密》的书中，揭露了这样一条可怕的事实：在1947年之后，美国曾多次发生飞碟坠毁事件，而所有的残骸和外星驾驶员的尸体，都被送到美国俄亥俄州第一顿的拉特巴达松基地。他还写道，1954年12月20日，有一架UFO在爱德华空军基地坠落，当时的美国总统艾森豪威尔得知后，亲自以度假为名来到了这个基地所在的加利福尼亚州。在那里，艾森豪威尔总统看到了UFO的残骸与外星人的尸体，甚至还有人说他看到了活着的外星宇航员。

上述材料是不是真的还很难确定，但有一点是可以相信的，那就是确实有飞行物坠落在事发现场，而这些飞行物，极有可能是来自外星球的飞碟。

1981年，在苏联，也发生过一起典型的UFO坠毁事件。那是5月15日晚上9点多，有一架椭圆形的不明飞行物裹着橙红色的光晕掠过莫斯科上空。当时，有成千上万的人看到了这一景象。16日，西方各国的报纸都报道了这个事件，引起了全世界关注飞碟人们的注意。在16日晚上，苏联的天体物理学家齐盖尔却得知了一个令人吃惊的消息，那个椭圆形的不明飞行物在飞过莫斯科上空以后，坠毁在莫斯科东北部的奥卡河附近的河谷里。

一位电视记者报道说，他在莫斯科东北方向的斯巴诺伊镇采访时，曾遇到一件惊人的怪事。镇里的一位商人告诉他，15日晚上的9点半左右，他在奥卡河谷夜行，忽然西边的天空亮如白昼，一个明亮而燃烧着的物体向他飞来，然后轰隆一声落入谷底。当时火光冲天，持续了半个多小时，空气炽热得像炉子一样。这位商人吓得动也不敢动，瘫在地上像一摊烂泥，过了好几个钟头，才爬起来逃回附近的村子里。

16日午夜，伊凡诺沃市日报记者米哈伊洛夫非常着急地拨打着专家齐盖尔家的电话，因为他有重要情况要通报给齐盖尔。在电话中他通报，在奥卡河附近的山谷里坠落了一架不明飞行物。有一位山民报告说，15日晚上10点左右，他正在山里安放捕兽器，忽然天空中有一道亮光从莫斯科的方向朝山谷冲过来。他还没来得及躲进树丛，那团亮光就落入了谷底，并且发出了一声巨响，火光映照着整个峡谷和半个天空。当时，他看到火光中有一个橘红色的桶状物体。第二天上午，他和几个朋友一起来到山谷，远远地看到谷底停着一个红黑色物体。此外，还有很多类似的报告，

有人说看见火球飞过，有人则听到了爆炸声。

听到这个消息，齐盖尔博士立刻产生了兴趣。第二天早上8点，以他为首的考察小组就在伊凡洛夫市找到了那位记者，并在他的带领下来到了奥卡河附近的山谷。

在谷底，他们发现了一个高5.3米、圆周长3.8米的火红色桶状物体。它的底部已在降落时被损坏，上半部的舱门也无法打开。齐盖尔博士用早已准备好的工具启开了顶部的活动板，立刻闻到了一股硫黄的气味。他们小心地爬进这架飞行器，发现里面分隔成上、下两层，上层是驾驶舱，下层未能打开。在驾驶舱里，所有的物品都被烧化并已凝固。最令人吃惊的是有两具已经被烧成枯炭的人形尸体，但无法辨认他们的面部和四肢。考察小组在现场拍了很多照片，并且发现了几枚碎片，把它们带回了莫斯科。在莫斯科工学院的实验室里，专家们测定了这种金属的成分。它是一种铝镁合金，其中镁占53%；而在地球上，任何铝镁合金中镁的含量都超不过5%，可见这

种金属并非来自地球。科学家们猜测，这架飞行器是来自外星的飞船，由于不明原因失控，坠毁在奥卡河谷。

类似的事件在美国肯塔基州也发生过。一天晚上，至少有2000人在印第安纳州南部、肯塔基州西部和田纳西州北部，看到过一个移动着的神秘光团，并且还有人看到它忽然爆炸并坠向地面。

第二天早上，23岁的猎人马逊在肯塔基州西南部山林里捕捉野兔时，发现前面的空地上有一大堆烧焦的残骸。当时，他还以为那只是一架小飞机。等到走近之后，才发现那是一架圆形的飞行物。在它的附近还躺着四具烧焦了的尸体。马逊后来描述说，那些尸体的外形仍然依稀可辨，他们有一双手和一双脚，有一个十分长且是椭圆形的头，头上还长着像天线一般的触角。他们都有1.2米高，身材又圆又胖，在他们的脸上长着三只眼。马逊发现他们以后，立即跑去找人，可是当他回来时却发现飞行器和尸体都不见了。对于前天夜里的夜空景象，政府方面声称只是场"陨石雨"，没有人知道那到底是什么。

据资料调查，全世界有很多起不明飞行物坠毁的事件，而遗留下来的残骸却大都被政府派军队秘密运走，成为不可告人的机密。美国总统卡特曾在竞选总统时允诺，当选后将公开美国的UFO机密，可是在入主白宫后他却对此事只字不提，有关坠毁的不明飞行物，至今还是一个谜。

坠毁的不明飞行物

白色外星人之谜

◉ ◉ ◉ ◉ ◉ ◉ ◉

1964年4月24日，天色已暗的新墨西哥州索可罗镇，有一辆黑色的雪佛兰汽车以极快的速度由北向南急驰。下午5时45分，当这辆车以明显超速的速度通过警察局时，被罗尼·查莫拉警员发现，他马上坐上巡逻车追了上去。

雪佛兰轿车的速度一点也没有减慢的趋向，而以领先巡逻车3个车身的距离向郊外直驶过去。过了5分钟左右，两辆车子已经到了镇外。就在此时，查莫拉的耳际响起了震耳欲聋的声音，在他右前方1000米的天空中出现了明亮的火焰。查莫拉想到在那附近有一座火药库，该不会是那座仓库爆炸了吧。查莫拉随即放弃追踪那部雪佛兰，而向着火药库急驰过去。巡逻车驶离了大马路，开进右边没有铺

柏油的小径。因为火药库被丘陵挡着，所以，无法肯定火药库是否真爆炸了。

这条小路不仅崎岖难行，而且相当荒凉，查莫拉除了专心驾驶之外，根本没有时间仔细观察那火焰。火焰的形状就像是个漏斗，顶部的面积是底部的两倍，长度有底部的2倍长。火焰几乎是静止不动的，一直在缓慢地下降着，而且没有冒烟。

此时，查莫拉开始觉得有些不对劲了。如果是爆炸的话不应该没有烟的，而且火焰根本不动，这更不寻常了。此时，轰轰作响的音量已逐渐降低。

要到可以看到火药库的地方，就必须爬到丘陵顶上才行。由于坡度太陡了，他试了3次才爬上去，

但声音和火焰也已经停止了。

来到丘陵顶上之后，查莫拉一直保持警戒，朝着火药库的大致方向慢慢开过去，因为他并不太清楚火药库的正确位置。

车的左边，即丘陵的南边是个下坡，下面是干河床。前进了10秒左右，他就看到那个发光体在河床上，散发着冷冷的光泽，距离大约250米。由车上看过去，很像一部后车厢竖起来的车子。他以为是有人在搞恶作剧，但马上他就注意到在那辆"车"的旁边有两个白色的人影。

那两个人身材瘦小，看起来像侏儒，全身穿着白色的衣服。就在查莫拉看到他们的同时，其中一个也回头看到了他的车子，很明显，对方也吓了一跳。

查莫拉以为他们两人发生交通事故了，所以，马上开车过去。当时他还没有仔细看过那两个人，但光体的样子却跟先前的印象不太一样，它是跟地面垂直的卵型，底部有好几只脚支撑着。

查莫拉一边开下急坡，一边跟索可罗警署联络。"索可罗2号呼叫索可罗警署，火药库附近似乎发生了交通事故，我现在要过去调查。"前进了数十米，当他停车时，那两个人已经不见了。查莫拉下了车朝卵体物走过去。这时听到了两三声像是大声关门的声音。每次声音的间隔是1秒或2秒。

到了距卵体物约30米的时候，突然响起了轰隆隆的声音，就跟在追赶超速车时所听到的声音一样。声音由低到高，最后高到像是要震破耳膜一样。

就在声响发出的同时，他看到物体的下方喷出了火焰。火焰中间部分宽约120厘米，是橙色的，没有烟，而火焰碰到地面的地方却扬起尘沙。

听到巨响又看到火焰，查莫拉以为物体大概快爆炸了，连忙跑开，只是跑的时候仍一直看着那个东西。

物体的表面看起来滑溜溜的，很像金属，没有窗户或门。而在它的中央部分，有一个很大的红色的图形。那是一个半圆形，圆弧朝上，在下面有一条水平线。这图形的长宽约60～70厘米。查莫拉一面看着物体，一面跌跌撞撞地去开车。在慌乱之间也来不及捡起掉落的眼镜，便头也不回，没命地向北急驶而去。过了5秒左右，他才回头看，只见那个物体已经上升到离地面3~4米的高度了，差不多跟车的高度一样。查莫拉把车开下丘陵的另一面时，呜呜声忽然停止了。只听到"咻"的声音，最后便没了声息。查莫拉停下车朝物体的方向望去。物体此时已平放过来，在离地4~5米的距离以极快的速度往西南方飞去。当它经过仓库时（高2.5米）是绕过去的，此刻，已不再喷出火焰了。于是，查莫拉把车开回来捡了眼镜，眼睛一直盯着那物体，并且用无线电跟署里联络。而物体越来越高，也越来越远，最后，终于飞过山头消失不见了。

这物体在他面前发出响声和喷出火焰，到消失在山后，只不过数十秒的时间而已，但对查莫拉来说，就好像已经过了好长的一段时间一样。接到交通事故报告的却贝斯巡官很快赶过来了。当他看到查莫拉面无人色的脸孔时吓了一跳。"到底出了什么事？怎么你好像看

到鬼一样？""长官，我可能真的看到鬼了！"查莫拉有气无力地说着。查莫拉简略地说了事情的经过，却贝斯感到很困惑。他不很相信这个一直深受信赖的部下所说的"看到UFO"或是"看到两个外星人"。但他也不认为查莫拉是在说谎，因为他慌张惊恐的表情是很不寻常的。就在半信半疑之下，他跟着查莫拉来到了UFO降落的地点。在那里，他们发现有好几个新痕迹，这证明刚才真的发生了某些事情。干河床原本是一片草原，可是在物体着陆的地方却有一个圆形的烧焦的痕迹。特别是UFO的正下方中央部位的草，还冒着烟。而且UFO着陆时支撑用的脚，也在地面上留下了清楚的痕迹。

着陆时的压痕一共有4个，呈长椭圆形排列，深8~10厘米，宽30~50厘米，是U字形的，地面的土壤被压成了硬块。另外，在压痕不远的地方，有4个直径10厘米左右的浅圆形凹洞。却贝斯查看后，越来越相信查莫拉所说的了。因为这些痕迹并不像是偶然或自然形成的。当查莫拉指着小圆孔说"这是

外星人的脚印"时，他连摇头否定的自信也没有。这事件还有其他的目击者。后来有3份报告都是说在相同时间、相同地方，看到了查莫拉追踪黑色雪佛兰时所看到的青光。由于索可罗UFO事件的目击者是现职警官，而且现场有很明显的痕迹，所以可以说是可信度最高的UFO事件。对于UFO事件极为重视的空军调查机关，也在事件发生4天之后派了调查团前往现场，连FBI也展开了调查。有位物理学家在看过那些痕迹后推测，形成这些痕迹的物体重约7~9吨，而且从支架的痕迹并不是对称的情形来看，有可能是为了在崎岖不平的地方，平稳着陆而特别设计的。

当时空军调查机关的负责人吉尼尔少校，对于长达16页的调查报告以"尚未证实"做了总结。要点如下："罗尼·查莫拉自称曾看到某些物体一事是毋庸置疑的，而查莫拉也很值得信赖。他对自己所看到的感到相当疑惑，老实说我们也是如此。虽然此事件拥有详细的记录，但到今天为止，我们仍没有调查出来那个查莫拉所目击的物体

是什么，其他线索也找不到。"调查机关常常把UFO事件牵强地解释为，是飞机或其他自然现象所造成的错觉。但这次却例外地没有把索可罗事件说成是误解，而坦白地说"展开彻底的调查"的事件至今"尚未证实"。实际上这等于是调查机关承认他们并不否定索可罗事件的真实性。

但如果你以为调查机关是很坦白的话，那就太天真了。已故的UFO研究者马克多博士在1968年9月5日写给友人的一封信中，写着下面这段值得注意的叙述："据说当时对UFO着陆现场的土壤和草木进行分析的某女士，曾在烧焦的灌木树干中发现了两三种不明物质。但在分析完成不久，马上有空军职员将分析资料及样本拿走，并且不准她将那些事说出去。"由此，我们可以判断美国空军有着不可告人的秘密。

虽然查莫拉所看到的卵型物体和白色外星人至今仍是个谜，但至少他们——空军和美国政府的情报机关，一定获知了某些我们所不知道的事情。

21世纪能找到外星人吗

一个亘古弥新的话题近年来又渐渐地热了起来。2000年7月在波兰华沙举行的第33届国际空间大会和8月在英国曼彻斯特召开的第24届国际天文学联合会大会上，相继传来消息，国际科学界已将寻找太阳系外行星和地外生命痕迹，作为未来的重点研究领域之一。之后又有振奋人心的消息，据最新一期美国《科学》杂志报道，在我们地球的大哥——太阳系最大的行星木星的一颗卫星"木卫二"上，可能存在着细菌等低等生命生存的条件。这样一来，在太阳系大家庭中，地球上的芸芸众生也许就不再孤独了。

研究人员说，最新证据非常令人信服地表明，在木星一颗卫星的冰层下，藏着生命生存必需的由盐水构成的海洋。

科学家说，美国航天局的伽利略号探测器发回的数据显示，与月球大小相仿的木卫二上可能有水。

伽利略号探测器2000年1月，曾在离木卫二很近的地方飞过。洛杉矶加利福尼亚大学的玛格丽特·基韦尔逊说，测量到的磁场数据使科学家认为，水是这颗卫星上存在一个导电层的"最可能"的解释。

他们在报告中说，根据伽利略号收集到的磁场数据，科学家发现数据模式显示出存在水的可能性。虽然他们没有排除其他可能的解释，但是他们认为从这些模式上看，水是最可能的解释。

加利福尼亚理工学院的戴维·史蒂文森说，伽利略号发现的磁场证据"非常令人激动……整个卫星被与地球海水成分相似的水层包围，并且水层深度超过10千米才有可能解释这些数据"。

那么，地外生命是否真的存在？我们有什么办法找到它们？搜寻它们有什么意义呢？

从"嫦娥奔月"的神话传说，到"地球人大战火星人"的科幻小说，人类对于外星生命的兴趣始终不减。随着科学技术的进步，探索地外生命已经从文学描述转向科学观察、飞船探测和着陆器勘察的崭新阶段。

现代科学讲求实证，由于我们现在只有地球这么一个适合生命孕育、生存、繁衍的研究样本，因此，我们只能以目前的生物科学研究成果和地球上生物的演化史，来推测地外生命存在的可能性。基于这一点，并根据已经获得的大量探测资料，科学家确认，除了地球之外，太阳系内其他行星上肯定不存在高等生物，但是否存在类似蛋白质、单细胞生物等低等生命形式，目前尚无定论，还有待于科学家进行更深入的探测和分析。这也就是近来"火星热""木星热"持续升温的重要原因。

那么太阳系以外情况怎么样？

从科学的角度看，只要在太阳系外存在一颗与我们地球条件相同的行星，就完全有可能诞生生命，只要该行星系演化的时间足够长，就没有理由不产生智慧生命。

地球上从出现最简单的生物到现在，大约经历了35亿~40亿年的时间，这说明诞生高级生命需要各种自然条件的配合，需要经历一段相当漫长的进化时期。首先，生命不可能在恒星上生存，但又离不开恒星的光和热。还是以地球为例，它和太阳之间的距离1.49亿千米，恰到好处，有利于生命的孕育、成长和进化。所以，要寻找地外生命，第一步必须寻找恒星周围是否有行星。

天文学家估计，大约只有半数恒星周围有行星围绕，但是，要探测究竟哪些恒星周围有行星，难度很大。因为恒星非常亮，而行星本身是不发光的，仅能反射恒星的光芒，所以，它的亮度就远不及其所围绕的那颗恒星。加之它们距离地球非常遥远，至少在数十万亿千米以上，这样就无法观察到恒星周围是否有行星存在。近5年来，陆续有科学家报告说寻找到了太阳系以外的行星，事实上，这些行星没有一颗是通过天文仪器直接观察到的，而都是依靠计算恒星运行轨迹的极微小摆动后推算出来的。根据现有技术条件，还只能推算出类似木星或土星大小的行星，即相当于地球质量一千倍左右的大行星，而且根本无从了解这些行星上的自然状况，有无生命存在更是无从谈起。现在，美国、日本、欧洲等正在设想建造直径更大的望远镜，或采取更加有效的观测方法，以期更精确地了解太阳系外行星的真实情况。

除此之外，科学家还通过向一个1.5万光年以外的星团发射无线电信号的方法，希望有朝一日外星人能够接收到这些信号，并进而了解到在遥远的太阳系中有我们人类存在。但是，这项计划很有可能毫无结果，即使有结果，那也将是30000年以后的事了。

还有就是美国的"旅行者"飞船，曾经将我们人类的形象刻在金属板上，并设法说明这是来自太阳系第三颗行星的礼物。这艘飞船上还携带了地球上各种有代表性的声音，诸如鸟鸣、古典音乐，以及包括汉语在内的各种语言问候语的录音资料，希望某一天收到它的地外智慧生命能够了解我们和我们这个星球，并与我们取得联系。当然，这可能是几千万年，甚至是几亿年以后的事了。

以上这些都是人类搜寻地外生命所进行的努力。根据目前的技术和正在开展的工作，很难推测什么时候会有令人满意的结果，可能在整个21世纪都很难有所作为。但是再看看人类在20世纪取得的飞速进步，100年前有谁能想象出今天的喷气客机、计算机、因特网和移动电话？因此，探寻外星人的工作，也许会出现让人们始料不及的结果。

探索地外生命之所以持续升温，表面原因是研究手段越来越先进，科学家不断获得大量第一手的探测资料，进而得到一些新的令人感兴趣的结论。更深层次的原因则是这项研究的科学地位。毛泽东曾经将科学研究归纳为3个基本问题，即生命起源、天体演化和物质结构，而搜寻太阳系外行星和寻找地外生命的工作则涉及其中的两项，它回答的是整个科学的基本问题，其重要性不言自明。

肢解牛马之谜

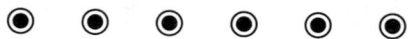

◉　◉　◉　◉　◉　◉

1975年以来，美国西部平原的广大地区，曾连续发现了牲口遭受残害、惨遭肢解的事件。十几个州的农场主都深受其害，而又对此无法解释。

1975年初，在得克萨斯州柯普拉斯湾附近，一头小牛被杀的晚上，便有人看见一道橙光在农田上空盘旋。有些目击者还看见一道道蓝白色的光从一个不明飞行物体上射到地面。得克萨斯州警方接到报告后派人来到出事地点，发现小牛尸体周围的植物被压成许多叶状印痕，以同心圆的方式排列，就像受到强烈气流吹袭过一样。牛尸周围还有一个满是同样叶状印痕的圆形区域。

1975年秋，在得克萨斯州威特菲斯，连续数星期以来几次出现不明飞行物，在出事地点发现一头被残害的小牛，牛尸的周围草木全被压平。小牛的头呈扭曲状，头颅朝天，舌头和内脏全不见了，肚脐也被挖掉，附近并无血迹。几天前，这个出事地点还有一头公牛被发现倒毙在麦田上，周围有一大片小麦被烧焦了。警长理察斯在现场做实验，发现有辐射现象，于是请求里斯空军基地的专家协助调查，但是专家后来也无法解释，为什么出事地点辐射度比别处高，麦田又为何被烧焦。此时，又有人提出了新的疑点，虽然没发现直升机与牲口的被杀有直接的关系，但许多农场主因看到很多死亡的牲口都有被从高空摔下的迹象，便相信飞机与牲口被害有关。

1975年8月，科罗拉多州华盛

顿县警长麦克唐纳对记者说，他检验过一头被残杀的小母牛，就像是从高空掉进池塘里。在科罗拉多州柏克县，两头死母牛被发现陈尸于一个偏僻的草场。据警长豪伊说，母牛"不可能走进那里，除非它们是被人从飞机上抛下来的"。

1975年10月21日，科罗拉多州斜阳山动物园里一头1500磅重的美洲野牛，被发现倒毙于栅栏中，乳房和一只耳朵被割掉，生殖器残缺不全，身上还被割掉一大块皮。动物园兽医沃克剖尸检验后，发现野牛没有遭到别的野兽袭击，也没有患上致命的疾病。但死牛的血液异常地稀，好像被注射过抗凝剂。另一位验尸官尤里奇也检验了野牛的尸体，发现那块被割掉的牛皮下的皮下组织没有受到任何损伤。他困惑地说："切割技术非常干净利索，显然这是用极锋利的刀具做的，绝非任何动物所为，这是非常了不起的手术。"

1978年6月13日，新墨西哥州杜耳沙区一名农场主，发现一头被残杀的3岁的母牛，被割去了生殖器、舌头和一只耳朵。里奥阿里巴县的警官和牲口监督员在调查此事时，发现一些"被用橡皮吸杯印成的神秘凹痕"。6月15日，《亚布奎尔格论坛报》报道说：凹痕呈品字型，直径约4英寸，彼此相距28英寸，痕迹在距死牛约160米的地方消失。据警方调查人员说，看来"他们先降落在远处，走到牛那边，事后再回到远处"。1979年4月8日晚上，两名印第安警官在新墨西哥州杜尔沙市附近巡逻时，看见一架神秘飞机在离地面大约十七八米的空中盘旋，并用一道强力聚光灯照射牛群。

在无数起事件中也有另一种观点，1975年，内华达州布雷恩县一位森林管理员报告说，他看见几个穿黑袍和戴头罩的人。次日，该地区发现有若干牲口被残杀。警方认为可能是邪教教徒所为，并展开调查，但最终没有结果。有家报纸估计被肢解残害的牲口大约总数在8000～10000头。有人归纳了这些牲口被肢解现象的基本特征：

"在遭肢解的牲口四周广阔范围内，并没有发现食肉类动物或人类的足迹；动物的足迹没有血液，间接地表示是动物的血液也被吸干；动物的某些器官'一概'失踪，而且全都'经过手术切割'；那些器官包括：性器官、眼睛、舌头、唇、耳、鼻等。"

对于种种不同的报道，有人说这是弱肉强食的天然现象，而那些不相信牲口是被猛兽所杀的人却认为凶手是另有其人，有人认为也许是邪教教徒干的，不过大多数人还是相信那是外星人或者太空生物所为。持这种观点的人说，太空生物降落地球后，解剖动物做特殊的用途。特别是一些目睹天空闪现神秘亮光又没有被证实的报道，更是推波助澜、支持这种说法。由于种种传说沸沸扬扬，愈演愈烈，新墨西哥州参议员施米特还召集了一次公开大会，收集各地信息，并获得联邦政府一笔拨款以便对此事调查。调查结果只是对种种传说表示怀疑，并肯定了所有死去的动物没有确定的肢解方式，不过又承认确实有一些动物被肢解的形式大致上很类似。对于到底谁肢解了牛马这个未解之谜，目前仍无定论。

日本塑像防护镜之谜

◉ ◉ ◉ ◉ ◉ ◉ ◉ ◉

　　1968年5月18日，久负盛名的苏联作家亚历山大·卡桑采夫，把他所收藏的三尊雕塑展示给来访者。这是用青铜铸造的日本古代铸像，其外衣看起来像是宇航员穿的服装。防护帽同躯体紧紧连接在一起。而铸像最让人迷惑之处就是它们头上所戴的眼镜。

　　这些铸像是在日本渡岛上的出土文物中发现的，一位日本学者在1939年春季送给了亚历山大·卡桑采夫。经一些考古学家鉴定，这些铸像产生的时间应为公元前。

　　科学家观察着这三尊铸像，百思不得其解。其一，在上古时期的日本，人们既不了解"防护镜"，也不了解这一类的透镜，那么铸像上所戴的眼镜是从哪里来的呢？其二，日本的艺术家怎样以及为什么用这样的外衣装饰他们的小铸像呢？其三，这是谁的铸像呢？难道宇宙中其他星球的智能生物真的到地球造访过吗？这些至今仍是个不解之谜。

戴防护镜的日本塑像

士兵失踪之谜

◉ ◉ ◉ ◉ ◉ ◉

1915年，在第一次世界大战时，在加利波利阵亡的34000名英国士兵中，据说，一部分是走进一团乌云后失踪的。也有人说，加利波利战役中向着土耳其军队阵地前进的数百名英国官兵，是被降落在他们头上的一团乌云神秘地"吸走"的。这种说法是根据50年后几

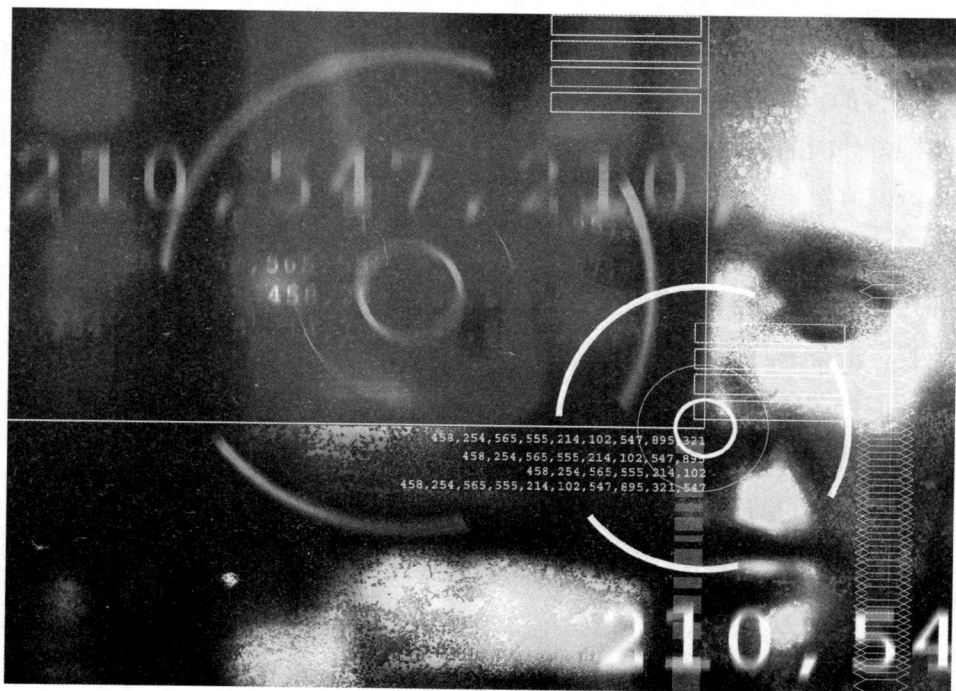

神秘失踪的士兵

名新西兰士兵的证词做出的。他们说，当时，他们看见一团浓密结实的乌云降下，挡住了英国官兵前进的去路。士兵走进这团形状像面包一样的乌云之后，乌云随即升起，而那些士兵却全部都下落不明了。

作家贝格在《销声匿迹》一书中说，这三名新西兰士兵所指的一营官兵的下落，官方已有过明确交代。而且，根据战后调查加利波利战役惨败原因委员会的报告中，曾指出盟军当时遭遇浓雾，炮兵连目标都看不见，土耳其敌军占尽明显优势，消灭了一个英军作战单位。该报告的内容至1965年才全部公开，可能因而勾起那些新西兰士兵的模糊记忆。

不过，亲身经历过这次事件的那几名新西兰士兵一直坚持己见，而且，的确有许多士兵至今下落不明。而那些研究不明飞行物的人则搜集了各种资料，查找了许多当时的目击者，以证明失踪的士兵与神秘的乌云有关。弄来弄去，就连贝格后来也疑惑地说："在加利波利阵亡的34000名英国士兵中，27000人的尸骸不知所踪。不知其中隐瞒了多少离奇的失踪事件。"

一个人离奇失踪已够神秘，而这个人翌日竟在数千里外的地方出现，可谓玄之又玄。1953年10月24日，一名驻菲律宾首都马尼拉的士兵竟向墨西哥城总督府的警卫室报道。由于制服不同，他立即被拘留查问。这个士兵对于自己何以处身异国亦感到莫名其妙，他说只知当天早上奉命前往马尼拉的总督府当职，又说菲律宾总督已于前一天晚上遇刺丧生。可是没有人相信他，还把他送进狱中。两个月后，传到墨西哥的消息证实他所言不谬：就在他出现于墨西哥的前一晚，菲律宾总督在马尼拉被杀。

可是为何他会出现在千里之外，却无从查起，至今仍是一个谜。

幽灵潜艇来源之谜

◉ ◉ ◉ ◉ ◉ ◉ ◉ ◉

众所周知，人类起源于海洋。一些人类学家和科学家曾推测，人类经历过一段几百万年的"水猿人"阶段，现代人类的许多习惯以及器官明显地保留着这方面的印痕也证明了这种推论，如喜食盐，生来会游水，海生胎记等。当人类进化时，可能分作陆上、水下两支，上岸的就是人类，水下的则也在进化。那么神秘出现多次的"幽灵潜艇"是否就是大洋深处人类的远亲制造出来的呢？

"幽灵潜艇"第一次出现是在二战后期，日本联合舰队和美国航空母舰"小鹰号"，曾遭到一艘潜艇的跟踪，但当他们发现并准备采取行动时，这艘潜艇又消失得无影无踪了。尤其令人惊讶的是，日美海军激烈鏖战之时，神秘潜艇也曾多次出现。但它并未卷入战事，而是对落水的双方水兵都进行救援行动，颇有国际红十字会的风范，而这艘潜艇的速度和反应性能却是当时日美船只都难以比拟的。因此，美国海军称之为"幽灵潜艇"。

20世纪60年代末，"幽灵潜艇"又频繁出现在太平洋和大西洋的广大水域，跟踪美国舰队。苏联舰队也遇到过类似情况。起初，美苏双方都怀疑是对方的侦察潜艇，因为它只跟踪却从未主动攻击，但其动作如此敏捷，则又令双方惊叹和不服气。六七十年代，美苏在海军装备的研制与扩充方面展开的军备竞赛，"幽灵潜艇"无疑起了推波助澜的作用。

1990年，在瑞典和"北约"海军举行的一次海上军事联合演习中，"幽灵潜艇"竟大大咧咧地招摇过市，引来了一场大围剿。十多艘潜艇与巡洋舰在恩克斯纳海湾排成梳篦阵势，炮弹、深水炸弹与鱼雷将这里变成了一片喧嚣的真实战场，可最终"北约"海军一无所获。

"幽灵潜艇"虽然来无影去无踪，但按常理推断，核动力的潜艇尚需有基地更换氧气和燃料，"幽灵潜艇"是否在地球海洋下有基地呢？

研究"幽灵潜艇"的人则说，海底金字塔正是其最佳基地，那上面两个巨大水洞正是"幽灵潜艇"出入的所在。俄罗斯的一些研究者认为，仅从"幽灵潜艇"及基地来看，其拥有者的智慧和科研能力便高出人类许多，何况"幽灵潜艇"并未攻击过人类，而且人类攻击它，它只防御却从不进攻，这说明驾驶"幽灵潜艇"者的道德文明，也远高出人类。

"幽灵潜艇"究竟从哪里来的？是外星人派出的，还是海洋深处所谓人类的远亲制造的，这都有待于人类的科学发展来揭开这个谜。可是若从另一方面思考，人类在进步，他们难道就不进步了？说不定发展的速度还快于人类呢！

与幽灵潜艇相似的模拟图

地外生命之谜

◉ ◉ ◉ ◉ ◉

远离扰乱视线的城市灯火、炫目光辉和黄色烟雾，夏威夷岛上海拔4205米的冒纳凯阿火山的顶峰直插云霄。因为夏威夷岛被温度变化非常稳定的海洋所包围，所以，冒纳凯阿火山的顶峰得以沐浴在清洁、平静、干燥的空气中。对于天文学观测来说，这是一个十分理想的环境——至少有一台世界上最好的望远镜架设在这里。

其中特别重要的WM凯克观测台，它由两台安装了直径达10米的巨大反射镜的天文望远镜组成，其中每台都有8层楼高、300吨重。这两台分别于1993年和1996年安装完成的凯克望远镜，一直在帮助主要的行星搜寻者——加利福尼亚大学的保罗·巴特勒和卡内基学会的杰弗里·马西探测太阳系外行星。

在过去的几年时间里，科学家总共发现了上百颗围绕着遥远的恒星旋转的太阳系外行星，其中不少是巴特勒和马西发现的。这些太阳系外行星中的大多数是像木星一样被气体包围着的巨大行星，它们的运行轨道与其中心恒星的距离非常近，而且这些行星太大、太热，据我们所知，任何生命形态都无法在这样的行星上维持生存。但是2001年3月29日，巴特勒和马西报告说，他们发现了两颗体积比土星还小的行星——这是朝着发现像地球一样适于居住的太阳系外行星迈出的重要一步。

因此，这两位行星搜寻者不仅在天文学界享有很高的声望，而且任何对于"地球是不是宇宙中唯一有生命存在的星球，或者宇宙中是否有其他的生存形式存在"这样的问题感兴趣的人，都知道他们的鼎鼎大名。他们凭借丰富的想象力和不辞辛劳的工作，找到了一种方法来确定有可能产生生命的行星的位置，从而将上面提到的这个问题，从人们的推测变成了科学。他们的努力已经使人们对于地外生命存在的可通用性产生了很强的信心，以至于一个全新的科学领域天体生物学——研究宇宙生命的科学——迅速发展了起来。

目前，科学家还无法对太阳系外行星进行直接搜寻。恒星发出的光芒使科学家不可能看到任何也许正在围绕它们旋转的天体。巴特勒和马西发明了一种极具独创性的方法——多普勒技术。这种方法的工作原理与多普勒效应(当汽车或火车从你身边经过时，它们发出的声波听起来好像一直都在改变频率)的原理一样。

多普勒效应在天文学上的对应现象被称为红移。从1987年开始，巴特勒和马西花了8年时间全力研究红移现象。他们认为，如果一颗恒星周围存在着一颗围绕它旋转的行星，那么这颗行星的引力就会使

恒星出现轻微的"摇摆"，就像地球和太阳系中的其他行星使太阳发生摇摆一样。这种摇摆会使恒星的光波在恒星朝向地球和背离地球的摇摆运动过程中，在光谱的蓝端与红端之间交替运动。他们认为，如果你可以测量到这种"红移—蓝移"现象，那么你就可以发现太阳系外行星的存在，而且利用这些数据，你甚至可以分析出它们的质量运行轨道。

但是，这种"红移—蓝移"现象在穿过遥远的宇宙空间之后会变得非常微小——如果你从30光年以外的地方观察太阳，它的周期性摇摆的弧形角的大小将只有七百万分之一度。为了利用多普勒方法对恒星及其行星进行准确的分析，你必须使恒星摇摆速度的测量结果精确到10米/秒以内。

马西和巴特勒是在1995年12月30日，发现第一颗太阳系外行星的。那时马西已经回到他加利福尼亚伯克利的家中，和他的妻子一起准备新年夜的聚会。巴特勒还在办公室凝视着计算机屏幕上显示的看起来好像是一些随机数据点的东西。他正在寻找一种可以告诉自

己他们已经取得了成功的数据点模式——一条将所有的数据点连接到一起的蛇形曲线，就像心脏监护示波器上显示的心跳曲线一样。只有这样的曲线才可以证明他们正在寻找的摇摆，进而证明太阳系外行星的存在。

当计算机软件显示出这样一条曲线时，屏幕上的每个数据点都正好位于这条曲线上，或者与这条曲线非常接近。计算机屏幕上没有一个远离这条曲线的数据点。这正是巴特勒和马西8年来，一直在梦想能够找到的数据点模式。

这些太阳系外行星使天文学界感到震惊，并且动摇了所有现存理论的主要原因是，它们的运行轨道都呈现椭圆形。太阳系的大多数行星都在沿着近于圆形的轨道运动，当你考虑到行星很可能是在圆形的原行星气体、冰和尘埃组成的盘状物(就像我们在猎户座星云中看到的圆盘一样)中形成的时候，你就会觉得行星沿着圆形的轨道运动是很有道理的。那么，太阳系外行星的运动轨道，为什么呈现出明显的椭圆形呢？

巴特勒和马西指出，解释这一现象的最佳线索来自彗星。彗星形成时的运行轨道是圆形的，但是如果它们从距离行星很近地方经过，彗星的运行轨道就会在引力的作用下，迅速变成非常明显的椭圆形——这就是为什么我们很少在太阳系内看到它们的原因。

这一理论还可以解释，为什么科学家目前发现的太阳系外行星中有许多是被气体包围的巨大行星，而且它们的运行轨道与其中心恒星的距离近得令人难以置信。任何体积与地球相当的行星如果与其中心恒星过于接近都很有可能被其强大的引力甩出该行星系。

巴特勒和马西指出："我们的银河系中一定存在着数以万亿计体积与地球相当而且正在四处闲逛的行星——它们是一些无目的在星际空间中游荡的阴暗的巨型岩石。"他们得出结论认为，太阳系可能是一个比较少见的行星有序排列的例子，八大行星静静地溜到各自的圆形轨道上，而且在这一过程中奇迹般地避免了任何形式的碰撞。

但是，天体生物学家们并不希望听到太阳系可能是一个反常的完美特别的说法。运行轨道呈现明显的椭圆形的行星不可能成为生命的避风港——行星与其中心恒星距离的变化引起的巨大温度波动会敲响代表死亡的丧钟，甚至连最顽强的生物化学分子也无法幸免。同样，这些巨大的被气体包围的行星的运动轨道与其中心恒星的距离如此之近，以至于在某些情况下它们的公转周期只有3天，而1500℃的表面温度对于任何生命来说都实在是太高了。

但是这并不等于说，地外生命存在的希望已经完全破灭。

尽管巴特勒和马西认为有许多行星被其所在的行星系甩了出来，但是他们对于适合生命生活的理想行星(被称为"金发女郎"行星)的存在，仍然充满了信心。巴特勒指出："银河系中的2000亿颗恒星中大约有10%拥有巨大的、很容易发现的行星。看起来很有可能其余恒星中的大多数周围也有行星存在，但是我们目前还没有掌握探测这些行星的技术。"

在这些统计数字的鼓舞下，美国航天局现在对天体生物学事业充满了信心，以至于已经建立了一个被称为"起源"的大型研究计划，该计划在未来的几十年时间里，将把更为精密复杂的天文望远镜送入太空，以便对那些拥有适当的条件、可以维持生命存在的行星直接观测。

科学家对于生命存在到底需要哪些条件仍然争论不休。因为目前我们对于可以维护生命存在的行星只掌握着唯一的一个例子——我们自己的地球，所以我们几乎没有办法知道答案。巴特勒指出："(宇宙其他地方的)生命很可能必须建立在碳和水的基础上。不然的话，我们所有的推测就都会失去依据。"因此，一颗"金发女郎"行星的运行轨道必须是圆形的，而且它与其中心恒星的距离应该为大约一个天文单位，这颗行星的表面温度必须使水可以以液态形式存在。

哥白尼、牛顿和开普勒等天文学家，通过计算行星围绕太阳运动的规律，改变了我们对于自己在宇宙中位置的看法。而这些行星搜寻者发现宇宙中其他的行星，也正造成同样的影响。他们发现类似地球的天体以及我们最终确定地球生命是否是宇宙中唯一的生命形态，只是个时间问题。

探索月球之谜

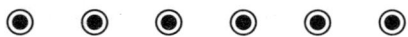

◉ ◉ ◉ ◉ ◉

美国和苏联的宇宙飞船几次拜访月球，带回了月球背面的照片和其他资料，并采集了月球石块和月球尘土，但科学家还是无法解开有关月球之谜。今天的月球，依然是一个充满奥秘的地球卫星。

1969年7月，美国"阿波罗11号"太空船从宁静的月海中，采集了55磅石块和尘土，科学家对月球石块进行了观察和分析。初看之下，它们很像地球上的寻常石块。但用显微镜观察，却大有差别。月

神秘的月球

球上的石块有很多小坑，坑里有一层玻璃质的东西。带回来的月球尘土标本，经化验证明有50%的玻璃，多数尖锐、有角、无色。地球上的尘土很少有玻璃。

研究人员用细菌和植物试验月球尘土，所得结果使人觉得月球更加神秘。他们使细菌接触四类月球尘土标本。其中三种全无影响。但细菌接触下层尘土标本时，即行死亡。这是为什么？科学家至今尚无圆满的解答。

在植物实验中，月球尘土对蜀黍无明显的影响，但低级的水藻一经接触月球尘土，就像获得"太空肥"一样，长得更绿。这原因何在，实在令科学家们费解。

目前，科学家对月球的研究已经有了新的突破，他们发现月球石块中含有来自太阳的微粒，以气体形态藏在石块里。这种气体对太阳如何发生作用？今后能支持地球上的生命多久？这至今仍是个谜。

太空人最初采集的石块估计年龄不超过30亿年。但从月球的年龄看，它们还不算老，最老的石块已达46亿年。月球上的石块与地球石块的最大区别在于，月球石块从没受到过地球上那种风吹雨打和其他气候变化的侵蚀。太空人带回来的石块，留在月球上已三十多亿年，却丝毫没有任何变化。

月球，这个充满神秘色彩的星球，留给人类无穷无尽的遐想。

智能生物改造月球之谜

⬤ ⬤ ⬤ ⬤ ⬤ ⬤ ⬤ ⬤ ⬤ ⬤

人们最早关注的外星世界首推月球。当人们还不明白月球是地球的卫星的时候，中国就有了"嫦娥奔月"的美丽而动人的传说，但近代科学却告诉人们，月球仅是一个死寂、荒凉的世界，它不可能存在生命。

自从16世纪以来，天文学家们就记下了许多有关月球的令人不解的现象，特别是20世纪60年代以来，人们不仅发射了许多宇宙探测器对月球进行探测、拍照，而且地球人还亲自登上了月球。人们终于发现了月球的许多秘密，不得不重新认识月球。

1969年7月至1972年12月，在美国执行"阿波罗"登月计划的过程中，宇航员拍下了一些月面环形山的照片，从这些照片上看，环形山上分明留有"人工改造过"的痕迹。

例如，在戈克莱纽斯环形山的内部，可以看出有一个直角，每个边长为25千米；在地面及环壁上，还有明显的整修痕迹。更为独特的是另一座环形山，它的边缘平滑，过于完整；环内呈几何图形，有仿佛是划出来的平分线，在圆周的几何中心部位，有墙壁及其投影。该山外侧有一倾斜的坡面，其形状有如完整的正方形，在正方形内有一个十字，把正方形等分成对称的各部分。

其实，有关月球的多种令人不解现象，在近200年间人类对月球的观测过程中，已被陆续发现。

1821年底，约翰·赫谢尔爵士发现月球上有来历不明的光点。他说，这光点是同月球一起运动着，因而它绝不可能是什么星星。

1869年8月7日，美国伊利伊州的斯威夫特教授与欧洲的两位学者希纳斯和森特海叶尔，观察到有一些物体穿越了月球，发现"它们仿佛是以平行直线的队形前进的"。

1867年被天文学界宣布消失的静海的林奈环形山，在原消失地竟出现了一个白色的直径达7千米的奇异光环。有的学者提出，这种情形可能意味着什么透明物质覆盖了某种基地。1874年4月24日，布拉格的斯切·里克教授，观察到一个闪着白光的不明物体缓缓地穿过了月球，并从那里飞出。

1877年11月23日夜晚，英国的克来因博士和在美国的一批天文学家，惊愕地看到一些光点从其他环形山集中到柏拉图环形山中，这些光点穿越了柏拉图环形山的外壁，在山的内部会齐，并且排列成一个巨大的发光三角形，看来很像某种信号的图案。

1910年11月26日发生日食时，法国和英国的科学家分别观测到"有一个发光的物体从月球出发"，"月亮上有一个光斑"。据当年观测者的描述，日食过程中月亮上出现的物体形似现代的火箭。

1953年12月21日，英国天文协会月球部主任威尔金斯博士在广播谈话中透露：在月面的危海地区观察到了大量的"圆屋顶"；这些半圆形的"建筑物"呈耀眼的白色，它们中最小的直径也有3千米。

莫杰维耶夫博士说："我们完全不明白这是怎么回事，而我们也相信美国方面也和我们一样，无法解释这件事。"

唯一的推测，就是活动在地球之外的超级智能力量支配的像美制轰炸机的物体在月球上出现与隐没。更多的线索，可能是地球上的人们所想象不到的。

围绕月球，出现的一系列无法解释的现象，已使科学界中的有识之士警觉到：地外智能力量正在"使用"我们的月球。

宇宙飞船月球轨道2号在静海（月球上的平原）上空49千米高度拍照到月面上有方尖石。美国科学专栏作家桑德森指出："这些方尖石的底座宽度为15米，高为12～22米，甚至有可能达到40米。法国亚历山大·阿勃拉莫夫博士，对这些方尖石的分布做了详细的研究，他计算了方尖的角度，指出石头的布局是一个"埃及三角形"。他认为，这些东西在月球表面的分布很像开罗附近吉泽金字塔的分布……方尖石上许多"侵蚀"产生的几何图形线索，不可能都是"自然界"的产物，在静海的方尖石照片上，人们发现了极其正规的长方形图案。

"阿波罗11号"在执行计划期间，阿姆斯特朗在回答休斯敦指挥中心的问题时吃惊地说："……这些东西大得惊人！天哪！简直难以置信。我要告诉你们，那里有其他的宇宙飞船，它们排列在火山口的另一侧，它们在月球上，它们在注视着我们……"到此无线电波突然中断，美国地面无线电爱好者也只抄报到这里。那么，阿姆斯特朗看见了什么呢？美国宇航局再没有解释。

"阿波罗15号"飞行期间，斯科特和欧文再度踏上月球。在地球上的沃登十分吃惊地听到(录音机同时录到)一个很长的哨声，随着声调的变化，传出了20个字组成的一句重复多遍的话，这陌生的发自月球的语言切断了同休斯敦的一切通信联系。此事至今还是一个未解开的谜。

宇航员柯林斯曾独自到月球轨道上飞行，他见到的一些月面痕迹使他大为吃惊。迄今为止，没有解释。

关于月球存在的智能活动的另一种观点是，月球是空心的。当美国"阿波罗11号"宇宙飞船1969年7月20日月球登陆成功以后，不少月岩标本被带回到地球上来，对这些样品的分析结果使人吃惊。苏联天体物理学家与西尼和晓巴科夫撰文道："月亮可能是外星人的产物，15亿年来，它一直是他们的宇航站。月亮是空心的，在它荒漠的表面下存在着一个极为先进的文明。"

阿波罗计划进行中，当2号宇航员回到指令舱3小时后，无畏号登月舱突然坠毁于月球的表面。设置在距坠毁处45千米的地震记录仪，记到了持续15分钟的震荡声。

声音越传越远，慢慢地减弱，先后共延续了半小时。这种无线电震荡，好像一只巨大的钟发出的声音，如果月球是实心的，那么这声音只延续一分钟。这一现象摈弃了有关科学已完全认识了月亮的构成和月球的性质的理论和假设。我们的月球可能是空心的。

古地图之谜

◎　◎　◎　◎　◎

在现代科学技术远未出现、人类社会处于懵懂时期的古代社会，是谁绘制出了令人叹为观止的地图？那些地图覆盖面广，不仅有不毛之地的非洲沙漠，还有至今人迹罕至的南极洲。同时，它的绘制也准确细致，美妙绝伦，其质量直追今天人们借助于飞机、卫星所绘制的地图。以致美国新罕布什尔州立凯恩大学的科学史专家、地球运行学权威查尔士·H·哈布古脱教授，把"古地图之谜"列为世界上的重大奇谜之一。

这些地图是怎样进入人们视野的呢？

古地图原来由土耳其奥斯曼帝国海军舰队司令比瑞·雷斯收藏着，其中有的是古人复制、临摹而成的，有的是他亲笔绘制的。18世纪初在土耳其伊斯坦布尔的托普卡比宫发现了它们，才使之公布于世，只是在当时还没有引起多大的轰动。

直到20世纪40年代，这些神奇的地图才激发出科学家们浓厚的研究兴趣。

美国的一位著名地图学家俄林敦·H·麦勒瑞，对古地图进行了细致的研究。研究发现，地图上的所有地理资料都是真实存在的，并非古人的主观臆断。尔后，麦勒瑞与美国海军水文局制图员俄勒特尔合作，进行了更加深入的研究。他们绘制了坐标，对古地图和现代地球仪进行对比研究。研究结果证实这些古地图是准确可信的。

1957年，古地图被送到美国海军制图专家、休斯敦天文台主任汉南姆那里。经过全面研究、进一步证实，这些地图不仅准确异常，而且覆盖面广，甚至包括今天人们很少考察或根本就没有到过的地方。

"古地图之谜"之所以被称为奇迹，有三个方面令人费解：

其一，凭着当时的科技水平，古代人怎么能绘制出南极洲的图形？

南极洲是目前地球上唯一无人居住的一个大洲，气候条件十分恶劣，常年天寒地冻，风雪肆虐。至少在18世纪之前，人们根本不知道它的存在，更谈不上有人涉足。因为在这之前，任何人都不可能有机会一窥南极的真面目。

然而，古地图不仅绘制了南极洲的地形真貌，而且既清楚，又准确。更不可思议的是，地图上标明了南极洲的冰层厚达1880米，最厚的地方达4500米。冰层下的山脉到底有多高，现代人直到1952年才利用地震波探测到，而古地图上却已经非常清楚地绘出了山脉，而且准确地标上了高度。

其二，古代人对北部欧洲地形进行了比今人更详尽的考察，绘制了精确度高到令现代人都难以置信的"泽诺地图"。

地图上的挪威、瑞典、丹麦、德国、苏格兰等地，以及一些岛屿，其经纬度都非常准确。地图还标明了格陵兰岛冰层下的山脉、河流。1947～1949年，法国北极探险队对格陵兰岛的实地考察证明了地图的正确性，令现代人汗颜的是，这次考察还不如古地图完备详尽。

其三，没有空中测绘技术和设备，古人怎能完成那些地图的绘制？难道他们能飞吗？

对两块绘于1513年和1528年的地图残片的分析，发现它们竟然与第二次世界大战中，美国空军采用正矩方位作图法绘制的军用地图非常相似，经核对，它们与在北非上空绘制的地形几乎完全吻合。地图上的南极洲与从宇宙飞船上所拍摄的照片竟然如出一辙。

面对这些匪夷所思的问题，人们不由得有此疑问：今人的智慧就一定比古人高吗？

普拉东地表图像之谜

◉ ◉ ◉ ◉ ◉ ◉ ◉ ◉ ◉

　　普拉东村是英国威尔士托贝利东北约5千米处的一个小村庄，村子附近有一个石灰岩质的斜坡，坡上分布着一些巨大的地面雕刻塑像，这些神奇的图像或是威武的巨人，或是站立着的骏马，但其中最为著名的就是"普拉东白马"。

　　"普拉东白马"形体高大，姿态安详，在绿色的衬托下，它那雪白的身躯显得更加晶莹纯洁，犹如奔腾急驰之后在山坡上恬静漫步。

　　在欣赏之余，你是否想到这是何人所雕？为什么是在斜坡上？它究竟意味着什么呢？

　　人们普遍认为，公元前878年，阿尔费兰德皇帝在征服了大半个英格兰之后，为了纪念他的辉煌战绩而下令雕刻"普拉东白马"。事实果真是这样吗？既然白马是皇帝下令所雕，那么为什么没有皇帝本人骑在马上的形象。

　　也有人说，这白马应为年代更早的克尔特族人的雕刻品，因为游牧的克尔特族人对马怀有特殊的感情。况且，在普拉东附近也确实存在他们的居留地。这种说法听起来似乎有些根据，然而它难以解释其他图像所代表的意义。

　　还有人发现这匹白马的形状和铁器时代初期铸造在钱币上的马的形状相似，因此，他们断定这应是那个时期的作品。

　　不论科学家们怎样争论，这匹神秘的"普拉东白马"依旧以它独有的姿态吸引着外来的游人。

　　在这里，像这样一些巨大的、只能在远距离或高空欣赏的地表图画还有很多。"威尔明顿巨人"就是其中之一。它身高70多米，双手各握一根长70多米的大棒，面部只有轮廓，没有鼻子、眼睛，显得神秘莫测。还有一位更为神奇的巨人，每年5月1日清晨的第一缕阳光总是准确地照射在巨人的下体上，显示着令人费解的内涵。这个巨人身高50多米，右手同样握着一根长达几十米的粗棒。

至此，我们不禁再次追问，这样神奇的图像是人工修建的吗？修建的目的又是什么呢？难道是地球人类在向"天外来客"展示地面目标？还是"天外来客"们在此留下的与地球人类交流的一种方式？

虽然人们经过长期的勘察、考证和争辩，至今也没有一个满意的答案。这些图像呈现给人们的，依旧是一脸的困惑，一个解不开的谜团。

太空求救呼号之谜

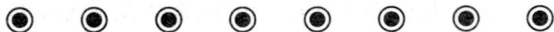

◉ ◉ ◉ ◉ ◉ ◉ ◉ ◉ ◉

　　法国曾经披露，俄美两国科学家正在研究一种来自外太空的神秘无线电信号，据分析，这个信号是50000年前从某个星球发出的求救呼唤。

　　一位不愿透露身份的美国天文学家对法国报界说："这是一个惊人突破，我们的电脑已成功地将这个无线电信号最主要的部分翻译了出来，大意是：请指示我们到第四宇宙，发生爆炸。我们处境十分危险。我们的位置在12银河系。"

　　这个奇异信息已由两国专家将其转换成人类可读的文字，但他们对此事却一直秘而不宣。

　　这位天文学家说："十分简单，用数学计算，我们估计到这是一艘古代飞船，或是一个星球，它似乎正在寻找某些指引，以便帮他们脱离险境。这件事确实令人震惊。经过努力，我们已经初步计算出那信息至少是50000年前发出的，也有可能更久。"

　　1924年8月20日下午1点50分至23日晚上11点50分，进行科学研究的阿姆哈斯特大学天文学教授迪皮德·特德博士，要求在此期间所有发射强电波的电台临时停止广播。1924年8月22日晚7点至10点，乘坐美国军舰进行研究的特德博士在火星最接近地球处(火星与地球间的距离为5600万千米)，捕捉到了一种奇怪的电波。"这是怎么回事？会不会是太空人发来的信号？"特德博士自语道。可是他始终未弄清这种奇怪的电波来自何方，表示什么意思。

　　1958年10月，人造卫星进入太

空。在卫星上装置的大型电波跟踪装置也接收到来路不明、意思不清的奇怪电波。它使得美苏宇航基地的工作人员手足无措，大惑不解。

1974年3月12日，苏联"火星6号"密封舱在火星上着陆，向地球发回了照片。从照片上可以清楚地看到干裂的河床。这次调查否定了火星上存在高级生物、运河等推断，这也就否定了上述奇怪的电波来自火星的可能。

为什么在地球的这边才能收到外星的信息呢？

澳大利亚的无线电望远镜采用最先进的太空时代技术，有900万个频道。科学家们利用它收听到了外星播出的重复的高频率信息。伯克雷斯博士回忆说："我们惊奇地听着那一连串的有节奏的嘟嘟声。我们毫无疑问地确认，这是外星文明社会发给我们的信息。"

几天之后，无线电波突然改变了频率。嘟嘟声也中断了。寂静了不久后，接着传来了低沉的呻吟声。伯克雷斯博士说："那是外星人的声音，用的语言同我听到过的任何语言都不一样。那声音在不断

地讲，中间偶尔出现嘟嘟声、咕噜声，好像他在清嗓子一样。我无法猜测他在说什么，但从那温柔的调子，我想他是在传递和平的信息。"

外星人的信息已被录音，并正由世界各国专家们进行分析。在澳大利亚接收站，科学家正夜以继日地工作，他们试图寻找到发出信息的那颗星球。

伯克雷斯博士说："一旦我们找到目标，我们会发出问候的讯息。"

如果真的有外星人存在，那么出于与我们人类同样的目的，他们一是会用无线电波联系，二是派遣飞行器出征，这也是情理之中的事。科学家们对此提出了以下的设想：假如外星人存在，那么外星人居住的行星较我们地球年长，其社会发展水平高于人类，他们能够制造出类似感染有机体的病毒那样能够进行自我繁殖和复制的机器。关于这一点是有科学根据的：人类已在20世纪90年代研制出第5代计算机——人工智能机，进入21世纪后实现采用生物芯片的有机计算机，

之后，再发展到借助遗传工程技术，在分子范围内使计算机自我复制、自我组装。这时的机器人将具备高度的人工智能，能遵照人类的旨意完成各项任务。

因此，我们可以进一步假设，外星人已经掌握了计算机自我复制的技术，而且，由于科学技术的高度发展，外星人的寿命比人类的长，即便如此，外星人欲到其他星球去探索，仍将受到生老病死的限制，因此，他们将委派机器人执行任务。

机器人从外星人居住地驾驶特殊飞行器出发，经过长途跋涉到达某个恒星系，并在那里的行星上逗留，寻找智慧生物的踪迹，建立中转站，如果没有发现，再乘飞行器飞向另一个恒星系。就这样一步步地调查，并随时将有关信息传递回去。

由于机器人具有自我复制功能，因此能够自行修复，不存在机体损坏、智能衰退等弊病，而且能够产生新的机器人，它们或者留在中转站工作，或者开发行星再建造飞行器。

由此可见，当我们地球上接收外星人的讯息的时候，可能就是由这些正在工作着的机器人向大本营或相互之间进行联络呢。

1990年4月24日，美国发射了著名的"哈勃太空望远镜"，这个耗资15亿美元的太空望远镜是用来探索宇宙起源的，它的观测距离可达120亿～140亿光年，而目前地球上最好的太空望远镜只能观测到20亿光年距离的天体。

一位名叫海登·福斯特的高级飞碟专家说："无可置疑，这些外星人将我们对天体的观察，看成是向他们领地进攻和最终攻占领地的第一步。因此，他们想将隐患扼杀在萌芽状态。"

哈勃望远镜在进入轨道不久，即发送回一组不明飞行物群朝地球飞来的照片。尽管美国政府最高层下令保持缄默，但是太空总署的几位高级官员还是证明了确有其事。

该望远镜共发现43架不明飞行物，它们编排成队朝地球飞来。一位不愿透露姓名的发射任务控制专家说："我们正想开始观察星系的不同部分，并试验望远镜各种设备工作情况时，突然发现43道强光，它们排列成三角形，情况十分恐怖。"这些不明飞行物形似铁钉，排成进攻队形，好像准备进行战斗一样。专家们估计，它们的飞行速度非常快，如果照这样的速度飞行，用不了一年便能到达地球。但是有一点，就是还不敢肯定这些不明飞行物就是冲地球而来。假如是，它们的目的是什么？它们又从何而来呢？